项目建设教学改革成果
电气技术专业一体化教材

GONGCHANG GONGPEIDIAN XITONG YUNXING YU WEIHU

工厂供配电系统运行与维护

◎主　编　吴兰娟　黄清锋　金晓东
◎副主编　余小飞　盛继华　方　翔　杨　越
◎参　编　吴浙栋　盛宏兵　王　鹏　楼　露　吴小燕
　　　　　喻旭凌　柳和平　陈　洁
◎主　审　朱　勇

图书在版编目(CIP)数据

工厂供配电系统运行与维护 / 吴兰娟,黄清锋,金晓东主编. —西安:西安交通大学出版社,2020.8(2024.1 重印)
ISBN 978-7-5693-1292-8

Ⅰ.①工… Ⅱ.①吴…②黄…③金… Ⅲ.①工厂—供电系统—电力系统运行—教材②工厂—配电系统—电力系统运行—教材③工厂—供电系统—维修—教材④工厂—配电系统—维修—教材 Ⅳ.①TM72

中国版本图书馆 CIP 数据核字(2019)第 179524 号

书　　名 工厂供配电系统运行与维护
主　　编 吴兰娟　黄清锋　金晓东
策划编辑 曹　昳
责任编辑 李　佳　袁方林

出版发行 西安交通大学出版社
(西安市兴庆南路 1 号　邮政编码 710048)
网　　址 http://www.xjtupress.com
电　　话 (029)82668357　82667874(市场营销中心)
(029)82668315(总编办)
传　　真 (029)82668280
印　　刷 西安日报社印务中心

开　　本 880mm×1230mm 1/16　**印张** 17.25　**字数** 35.8 千字
版次印次 2020 年 8 月第 1 版　2024 年 1 月第 3 次印刷
书　　号 ISBN 978-7-5693-1292-8
定　　价 49.80 元

如发现印装质量问题,请与本社市场营销中心联系调换。
订购热线:(029)82665248　　(029)82667874
投稿热线:(029)82668502
读者信箱:lg_book@163.com　　**QQ**:19773706

《工厂供配电系统运行与维护》编写组

主　编：吴兰娟　黄清锋　金晓东

副主编：余小飞　盛继华　方　翔　杨　越

参　编：吴浙栋　盛宏兵　王　鹏　楼　露　吴小燕
　　　　喻旭凌　柳和平　陈　洁

主　审：朱　勇

前言 Preface

电能是现代工业生产的主要能源和动力。电能既易于由其他形式的能量转换而来，又易于转换为其他形式的能量以供应用；电能的输送和分配既简单经济，又便于控制、调节和测量，有利于实现生产过程自动化。因此，电能在现代工业生产及整个国民经济生活中应用极为广泛。

供配电运行与维护岗位是中高职电气技术专业毕业生的主要就业岗位之一，供配电系统运行与维护的相关知识与技能也是电气自动化专业学生的重要学习内容。目前市面上的“工厂供配电技术”教材大多偏重理论知识，教学内容与供配电运行管理岗位技能需求不能有效对接，针对这种情况，我们组织编写了本书。

本书基于工厂供配电系统运行与维护岗位的典型工作任务提炼教学项目，教学内容兼顾岗位需求与变配电室值班电工国家职业标准，以培养综合能力为目标，提高工厂供配电系统运行维护所需技能为重点，教学过程设计突破传统教学模式的束缚，采用“任务驱动，工学一体，学教做评合一”的教学模式，将职业素养培养贯穿于教学全过程，以知识学习服务实际应用。

本书包括10kV高压开关柜停送电操作、低压柜的认识与操作、35kV变电站倒闸操作、电气设备试验项目、模拟工作平台检修、低压供配电系统设计6个项目，并附有变配电所设计实例及相关参数表。

本书可作为中高职电气类专业教学用书，也可用于变配电所值班电工培训教材。

本书由吴兰娟、黄清锋、金晓东担任主编，余小飞、盛继华、方翔、杨越担任副主编，吴浙栋、盛宏兵、王鹏、楼露、吴小燕、喻旭凌、柳和平、陈洁参加编写，全书由朱勇主审。

由于编者水平有限，书中难免有疏漏和不妥之处，恳请各位读者提出宝贵意见，以便及时改进。

金华市技师学院教材编委会

目录 Contents

10kV高压开关柜停送电操作

任务单

高压开关柜是指用于在电力系统发电、输电、配电、电能转换和消耗中起通断、控制或保护等作用，电压等级在 3.6 ～ 550kV 的电器产品，主要包括高压断路器、高压隔离开关与接地开关、高压负荷开关、高压自动重合与分段器、高压操作机构、高压防爆配电装置和高压开关柜等几大类。高压开关制造业是输变电设备制造业的重要组成部分，在整个电力工业中占有非常重要的地位。

高压开关柜的停送电操作是最基本的操作，要求各小组完成高压开关柜的停送电操作，操作过程符合电力安全工作规程。完成此教学任务后，学生能读懂电气接线图，能编写工作票、操作票、安全施工作业票，能正确使用电力安全工器具，能掌握整个电力施工流程。

学习目标

1. 熟悉高压一次设备结构原理；
2. 能根据操作要求正确使用安全工器具；
3. 能根据要求编写工作票、操作票、安全施工作业票；
4. 能按正确规程进行 10kV 高压开关柜停电操作；
5. 能按正确规程进行 10kV 高压开关柜送电操作；
6. 工作完毕后能进行自检，确保任务完成；
7. 能与老师同学有效沟通，有团队合作精神，有良好的职业习惯；
8. 能按 7S 要求清理工作现场。

学习与工作内容

1. 阅读工作任务单，明确任务要求；
2. 能按要求制订项目一的学习计划；
3. 学习电气识图的基本常识，高压开关柜的原理、结构，五防要求，安全工器具的使用方法；
4. 学习高压开关柜停、送电正确流程，填写工作票、操作票、安全施工作业票；

5. 在模拟操作平台上学习停、送电的操作流程；
6. 学习停、送电的实际操作方法步骤（通过微课，教师现场指导，知识链接内容）；
7. 按电力作业操作规程进行操作；
8. 填写工作页相关内容；
9. 按 7S 标准清理工作现场。

学习时间

18 课时。

学习地点

供配电学习工作站。

教学资源

1. 供配电学习工作站实训守则及电力安全工作规程；
2.《变配电室值班电工》；
3.《工厂配电技术实训指导书》；
4.《工厂供配电系统运行与维护》学生工作页；
5. XGN2-12 型高压开关柜、多媒体教学设备。

教学活动一　明确任务

学习目标

能阅读工作任务单，明确任务要求。

学习场地

供配电学习工作站。

学习时间

1 课时。

教学过程

认真阅读任务单，明确本任务学习目标与任务要求，填写任务要求明细表（表 1-1，表 1-2）。

表1-1　高压开关柜的停电操作任务要求明细表

工程名称	高压开关柜的停电操作
任务所需知识技能一	
任务所需知识技能二	
任务所需知识技能三	
任务所需知识技能四	
任务所需知识技能五	
工作内容	
完成时间	
注意事项	
任务接受者签名	

表1-2　高压开关柜的送电操作任务要求明细表

工程名称	高压开关柜的送电操作
任务所需知识技能一	
任务所需知识技能二	
任务所需知识技能三	
任务所需知识技能四	
任务所需知识技能五	
工作内容	
完成时间	
注意事项	
任务接受者签名	

教学活动二　制订计划

学习目标

1. 能根据任务要求制订工作计划（包括人员分工）；
2. 小组成员能团结协作，互帮互学，优化工作计划。

学习场地

供配电学习工作站。

学习时间

1 课时。

教学过程

1. 制订工作计划（表 1-3）。

表1-3　工作计划表

工作负责人		工作班组成员		
工作内容		学习或工作方法	时间安排	任务接受者
学习及工作目标				

2. 组长检查组内成员工作计划表填写情况并评分，成绩填入项目考核评分表相应位置，满分 5 分。

教学活动三　工作准备

学习目标

1. 熟知电力安全工作规程，安全工器具的使用，XGN2-12 高压开关柜的结构与功能；
2. 能合理运用教学资源，收集完成工作任务所需的知识与信息；
3. 能根据任务要求填写电力工作票、操作票、安全施工作业票；
4. 能在模拟操作平台上进行开关柜的停送电操作；
5. 班组成员能团结协作，互帮互学，制订合理的工作方案；
6. 能有效展示制订完成的施工方案；
7. 能通过分析讨论得出各组施工方案的特点，取长补短，优化施工方案。

学习场地

供配电学习工作站。

学习时间

6 课时。

教学过程

1. 学习电力施工的工作流程（停电、送电）。

写出电力施工的工作流程。

停电：

送电：

2. 学习并掌握电力安全工器具的使用。

（1）写出安全帽的使用方法及注意事项。

（2）写出验电器的正确使用方法。

（3）写出绝缘手套的正确使用方法及注意事项。

（4）写出绝缘鞋（靴）的正确使用方法及注意事项。

（5）写出接地线的正确使用方法。

3. 明确本项目学习目标与任务要求，根据任务要求写出所需安全工器具。

4. 填写电力工作票。

电力线路第一种工作票

单位：________________________________ 编号：________

（1）工作负责人（监护人）：____________________ 班组：________

（2）工作班人员（不包括工作负责人）：____________________

共________人。

（3）工作的线路或设备双重名称（多回路应注明双重称号）：____________

（4）工作任务：

工作地点或地段 （注明分、支线路名称及线路的起止杆号）	工作内容

（5）计划工作时间：自______年____月____日____时____分至______年____月____日____时____分

（6）安全措施（必要时可附页绘图说明）：

①应改为检修状态的线路间隔名称和应拉开的断路器（开关）、隔离开关（刀闸）、熔断器（保险）（包括分支线路、用户线路和配合停电线路）：

____

____

____

②保留或邻近的带电线路、设备：

____

____

____

③其他安全措施和注意事项：

____

____

____

④应挂的接地线：

线路名称及杆号						
接地线编号						

工作票签发人签名：______________ ________年____月____日____时____分。

工作负责人签名：______________ ________年____月____日____时____分收到工作票。

（7）确认本工作票 1 ～ 6 项，许可工作开始：

许可方式	许可人	工作负责人签名	许可工作的时间
			年　月　日　时　分

（8）确认工作负责人布置的任务和本施工项目安全措施。

工作班组人员签名：

____

____

____

____

____

（9）工作负责人变动情况：原工作负责人__________离去，变更__________为工作负责人。

工作票签发人：______________ ______年______月______日______时______分

工作人员变动情况：（变动人员姓名、变动日期及时间）

____

____

____

____

____

工作负责人签名：__________

（10）工作票延期：有效期延长到__________年______月______日______时______分

工作负责人签名：______________ ______年______月______日______时______分

工作许可人：______________ ______年______月______日______时______分

（11）工作票终结：

①现场所挂的接地线编号______________________共__________组，已全部拆除、带回。

②工作终结报告：

终结报告的方式	许可人	工作负责人签名	终结报告时间
			年　月　日　时　分

（12）备注：

①指定专责监护人__________________负责监护__________________

____

______________________________（地点及具体工作）。

②其他事项：______________________________

____

____

5. 填写操作票（表 1-4）。

表1-4　电力线路倒闸操作票

单位______________　　　　编号______________

发令人		受令人		发令时间：年　月　日　时　分
操作开始时间：年　月　日　时　分				操作结束时间：年　月　日　时　分
操作任务：				
顺序	操作项目			检查
备注：				
操作人：				监护人：

6. 填写安全施工作业票（表 1-5）。

表1-5　安全施工作业票

票号：　　　工序：　　　工序号：　　　编号：　　　名称：　　　施工单位：

<table>
<tr><td colspan="2">工作地点</td><td colspan="2">施工负责人</td><td>安全负责人</td><td>施工人数</td><td>施工日期</td></tr>
<tr><td colspan="2"></td><td colspan="2"></td><td></td><td></td><td>月　日至　月　日</td></tr>
<tr><td colspan="2">工作任务</td><td colspan="5"></td></tr>
<tr><td colspan="2">危险点</td><td colspan="5"></td></tr>
<tr><td colspan="7">安全注意事项及人员分工：</td></tr>
<tr><td colspan="7">安全补充注意事项：</td></tr>
<tr><td rowspan="10">现场交底人员签到栏</td><td></td><td></td><td></td><td></td><td></td><td></td></tr>
<tr><td></td><td></td><td></td><td></td><td></td><td></td></tr>
<tr><td></td><td></td><td></td><td></td><td></td><td></td></tr>
<tr><td></td><td></td><td></td><td></td><td></td><td></td></tr>
<tr><td></td><td></td><td></td><td></td><td></td><td></td></tr>
<tr><td></td><td></td><td></td><td></td><td></td><td></td></tr>
<tr><td></td><td></td><td></td><td></td><td></td><td></td></tr>
<tr><td></td><td></td><td></td><td></td><td></td><td></td></tr>
<tr><td></td><td></td><td></td><td></td><td></td><td></td></tr>
<tr><td></td><td></td><td></td><td></td><td></td><td></td></tr>
<tr><td>备注</td><td colspan="6"></td></tr>
</table>

签发人：　　　技术员：　　　安全员：　　　施工负责人：

7. 根据操作票内容在模拟盘上进行模拟预演。

8. 分析讨论，取长补短。

（1）小组讨论优化施工方案。

（2）各小组展示施工方案（每组发言时间不超出 5 分钟），对施工方案进行自评及互评，评价结果（取 6 个小组给出成绩的平均分）记录到附页项目考核表中对应栏目。

（3）各小组取长补短进一步优化施工方案。

（4）得出优化后的施工方案。

教学活动四　任务实施

学习目标

1. 能按规范进行 10kV 高压开关柜的停电操作；
2. 能按规范进行 10kV 高压开关柜的送电操作；
3. 清楚完成任务必须遵守的规程、规范、工艺要求；
4. 能与老师同学有效沟通；
5. 能按 7S 管理规范整理工作现场。

学习场地

供配电学习工作站。

学习时间

6 课时。

教学过程

1. 开班前会，做好“两交一查”。

①“两交”即明确交代当天需要完成的工作任务，根据现场的地形和环境详细交代应对可能存在不安全因素的安全措施（比如如何对现场的设备设施进行保护，如何使施工不会危及或影响到周围的行人和设施，如何保证施工人员安全的一些具体措施）；

②“一查”即检查个人安全用具和施工工器具是否完好。

2. 根据确定的施工方案进行具体操作。

教学活动五　任务验收

学习目标

1. 能做好工作终结；
2. 能做好工作票终结；
3. 开好班后会；
4. 填写任务验收单。

学习场地

供配电学习工作站。

学习时间

2 课时。

教学过程

1. 工作终结。

工作终结是指工作人员全部工作完工后，自设安措拆除，人员撤离，现场清扫等，在与许可人共同验收并做记录（表 1-6）后，在工作票上填写工作结束时间，双方签名，表示工作终结。

表1-6　工作终结情况记录表

已拆除的接地线编号			
已撤离的人员			
现场是否整理			

2. 工作票终结。

在工作终结后，工作票方告终结，此时工作许可人所持的工作票上盖终结章，向调度汇报，表示工作票终结。

3. 班后会。

班后会的主要内容是：

①简明扼要地对当天生产任务的完成和执行安全规程的情况进行小结，既要肯定好的方面，又要找出存在的问题和不足。

②对工作中认真执行规程制度、表现突出的职工进行表扬；对违章指挥、违章作业的职工视情节轻重和造成后果的大小，提出批评或考核处罚。

③对人员安排、作业（操作）方法、安全事项提出改进意见，对作业（操作）中发生的不安全因素、现象提出防范措施。

班后会要全面、准确地了解实际情况，使总结讲评具有说服力，注意工作方法，做好人的思想工作。以灵活机动的方式，激励职工安全工作的积极性，增强自我保护意识和能力，帮助他们端正认识，克服消极情绪，以达到安全生产的共同目的。

4. 填写任务验收单（表 1-7）。

表1-7　任务验收单

项目工作内容	完成情况						备注
	1 组	2 组	3 组	4 组	5 组	6 组	
工作票填写							
施工票填写							
施工方案设计							
操作过程是否符合安全规程							
工作现场整理							
工作页填写							
工程验收							
总结评价							

教学活动六　评价反馈

学习目标

1. 能公正合理地对项目完成情况进行自评与互评；

2. 能撰写项目学习总结。

学习场地

供配电实训室。

学习时间

2 课时。

教学过程

1. 各小组结合项目考核评分表对项目完成情况进行自评与互评，说明评分依据，每小组发言时间不超出 5 分钟，然后填写项目考核评分表（表 1-8）。

2. 学员撰写项目学习总结，总结要素包括：学习态度、在本项目中承担的主要工作及完成情况、收获、改进方向。

项目学习总结

____

____

____

____

知识拓展

通过对 10kV 高压开关柜的认知与操作项目的学习，我们掌握了高压柜停送电操作的施工方案。你能通过自学掌握其他工程施工方案的编写吗？

充分挖掘你的聪明才智，试一试编写高压隔离开关的施工方案。相信你的努力一定会有回报！

表1-8 项目考核评分表

序号	考核内容		考核要求	评分标准	配分	自我评价 10%	小组互评 20%	老师评价 70%	综合成绩
1	职业素养	劳动纪律	按时上下课，遵守实训现场规章制度	上课迟到、早退、不服从指导老师管理，或不遵守实训现场规章制度扣 1 ～ 7 分	7				
		工作态度	认真完成学习任务，主动钻研专业技能	上课学习不认真，不能按指导老师要求完成学习任务扣 1 ～ 7 分	7				
		职业规范	遵守电工操作规程及规范、现场管理规定	不遵守电工操作规程及规范扣 1 ～ 6 分，不能按规定整理工作现场扣 1 ～ 3 分	6				
2	专业能力	施工方案设计	1. 施工方案正确合理 2. 符合安全操作规程 3. 正确使用安全工器具	方法不合理扣 1 ～ 12 分，酌情扣分	12				
				不符合安全操作规程每处扣 1 分	12				
				安全工器具使用错误每个扣 0.5 ～ 1 分	6				
		施工过程	根据工作票、施工票进行施工作业	1. 工作票填写错误每处扣 2 分 2. 施工票填写错误每处扣 2 分 3. 损坏元件每件扣 5 分 4. 违反安全操作规程扣 3 ～ 5 分 5. 操作流程错误每处扣 5 分	20				
		工程验收	完成整个工程的施工、符合竣工验收标准	1. 工作终结流程错误每处扣 2 分 2. 工作票终结流程错误每处扣 2 分 3. 调试不符合规定每处扣 2 分	20				
3	创新能力		工作思路、方法有创新	工作思路、方法没有创新扣 10 分	10				

续表

<table>
<tr><td>序号</td><td>考核内容</td><td>考核要求</td><td colspan="2">评分标准</td><td>配分</td><td>自我评价 10%</td><td>小组互评 20%</td><td>老师评价 70%</td><td>综合成绩</td></tr>
<tr><td rowspan="2">备注</td><td colspan="2" rowspan="2"></td><td colspan="2">合计</td><td>100</td><td></td><td></td><td></td><td></td></tr>
<tr><td>指导教师
综合评价</td><td colspan="7">指导老师签名：　　　　年　月　日</td></tr>
</table>

知识拓展

一、工厂供配电实训的基础知识

（一）工厂供电系统

1. 电力系统变配电概略图。

概略图如图 1-1 所示。

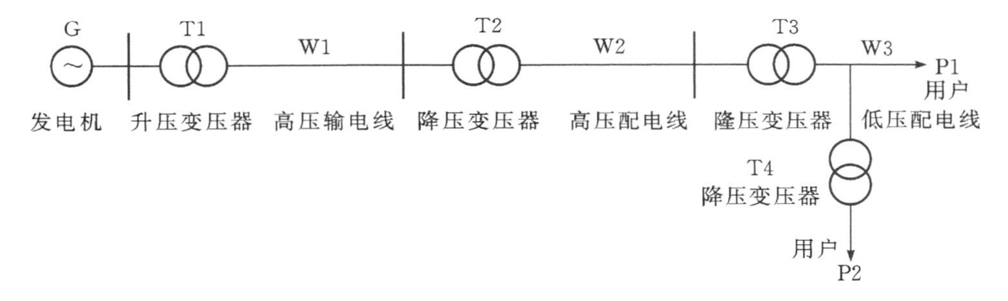

图 1-1　供电系统概略图

2. 概略图绘制原则及识图。

1）符号的使用

主要采用图形符号、方框符号或带注释的框绘制。

2）电路或元件的布局方式

概略图是按功能布局法绘制的，表示项目的图形符号、方框符号或带注释的框按工作顺序（或功能关系、信号流向等）从左至右或从上至下布置。

3）连接线的连接方法

用单根细实线绘制连接，可用一相线代表三相线。

4）项目代号的表示方法

在概略图中，项目只标注高层代号，也可以不标注项目代号。

5）重复电路的表示方法

在一张概略图中，如有重复电路时可只绘出一个，其他的电路用简化方式表示。

6）注释和说明

可根据需要加注各种形式的注释和说明。

（二）工厂变配电所及其主接线

1. 工厂变配电所的作用和类型。

1）变配电所的作用

变电所定义：指从电力系统接收电能、变换电压并对用电设备供电的场所。

配电所定义：装有起通、断和分配电能作用的高低压配电装置的场所，母线上无主变压器，具有控制电力的流向和调整电压的作用。

变配电所定义：电力系统中变电所和配电所的合称。

2）变配电所的类型

工厂变配电所的类型及特点见表1-9。

①总降压变电所；

②车间变电所；

③配电线路。

2. 工厂变配电所的主接线。

变配电所的主接线是实现电能输送和分配的一种电气接线，是由各主要电气设备（包括变压器、开关电器、母线、互感器及连接线路等）按一定顺序连接而成的、接受和分配电能的总电路。

对主接线的基本要求：

（1）安全性：必须保证在任何可能的运行方式及检修状态下运行人员及设备的安全。

（2）可靠性：能满足各级用电负荷供电可靠性要求。

表1-9　工厂变配电所的类型及特点

<table>
<tr><th colspan="2">类型</th><th>安装位置</th><th>特点及示例</th><th>图示</th></tr>
<tr><td rowspan="4">户内变电所</td><td>车间附设变电所</td><td>一面或几面墙体与生产车间墙体共用，变压器室的大门向生产车间外或墙体外开</td><td>适用于一般车间，见图示中1、2、3</td><td rowspan="3">车间外墙
1
2 车 4 间 5
3 6</td></tr>
<tr><td>车间内变电所</td><td>设在车间内部的单独房间内，变压器室向车间内开</td><td>适合负荷大而集中且布置比较稳定的大型车间厂房，见图示中4</td></tr>
<tr><td>独立变电所</td><td>设在车间以外的单独建筑物内</td><td>适合负荷较小而分散的中小型企业，或需要远离有易燃、易爆及腐蚀性物质的场所，见图示中5、6</td></tr>
<tr><td>地下变电所</td><td>将整个变电所装置在地下设施内</td><td colspan="2">通风散热条件差，湿度也较大，建筑费用较高，但相当安全，现在我国采用的还不多</td></tr>
</table>

续表

类型	安装位置	特点及示例	图示
露天变电所	安装在户外地面上，周围用栅栏或围墙保护；或安装在电杆上，低压配电设备安装在户内	适用于工厂生活区和负荷很小的工厂	

（3）灵活性：主接线应在安全、可靠的前提下，力求接线简单、运行灵活，应能适应各种可能的运行方式的要求。

（4）经济性：在满足以上要求的条件下，力求达到最少的一次投资与最低的年运行费用。

3. 有汇流母线的主接线。

母线实质上是主接线电路中接受和分配电能的一个电气联结点，形式上它将一个电气联结点延展成一条线，以便于多个进出线回路的联结。有汇流母线的主接线是我国目前广泛采用的接线形式，按母线设置组数的不同，又可分为单母线接线和双母线接线两大类。

1）单母线

只有一条母线，且每一支路均有QF；主接线的基本构成为：电源—母线—出线。常用的单母线接线方式有单母线制和单母线分段制。

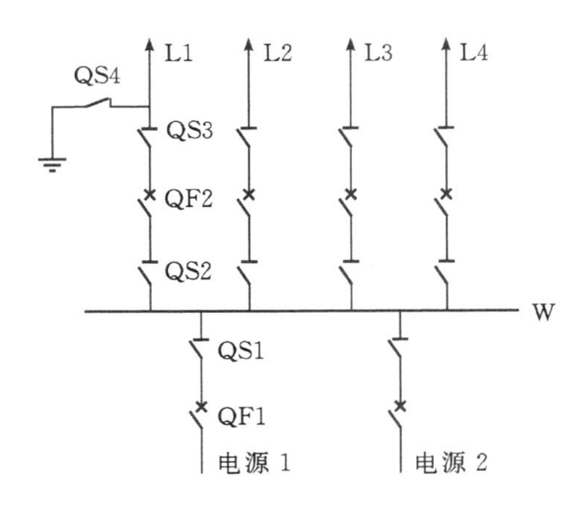

图 1-2　单母线接线

（1）单母线制：单母线制形式如图1-2所示，是有汇流母线的主接线中结构最为简单的一类。在这种接线中，所有电源和引出线回路连接于同一母线上。

优点：接线简单清晰，设备用量少，经济实用；有利于电源互为备用及负荷间的合理分配；正常投切与故障投切互不干扰，灵活方便。

缺点：母线范围内发生故障或母线及母线QS检修时，需停止供电；各单元QF检修时，该单元中断工作。故单母线制的可靠性和灵活性较低，母线或连接于母线上的任一隔离开关发生故障或检修时，将影响全部负荷的用电。

（2）为了提高单母线接线的供电可靠性和灵活性，可采用断路器或隔离开关分段的单母线接线，如图 1-3 所示。

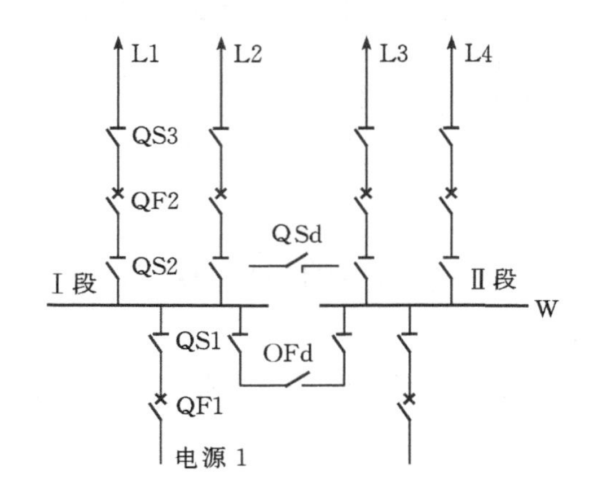

图 1-3　单母线分段接线

用断路器（QFd）将母线分为两组，缩小了母线故障和母线检修时的停电范围，有利于电源间的相互备用和负荷的合理分配。

两种运行形式：

并列的 QFd 分段单母线—QFd 合闸。优点：当 I 段母线发生故障时，QFd 跳开，退出故障母线而保证非故障母线继续运行；缺点：短路电流大，母线必须装设继保装置。

不并列的 QF 分段单母线—QFd 断开。当 I 段母线发生故障时，可投入 QFd，使两段母线并列运行。

与简单的单母线相比，相同点：发生母线故障时会造成全部停电；不同点：判明故障后，可恢复非故障母线运行。

用隔离开关分段的单母线接线，分段后运行的灵活性增加。

正常时 QSd 可打开运行，也可合上运行。QSd 合上运行时，若 I 段母线故障，整个装置短时停电，等 QSd 打开后，接在 II 段上的电源、负荷均可恢复运行；若正常时 QSd 打开运行，则一段母线故障时将不影响另一段母线的运行。

特点：可母线并列运行，也可母线分段运行；母线故障时的停电范围缩小，可靠性高于简单的单母线接线。

2）双母线接线

对于特别重要的负荷，当采用单母线分段接线，可靠性不能满足要求时，可考虑采用双母线接线，如图 1-4 所示。I 为工作母线，II 为备用母线，其间通过断路器 QFc 连接起来，QFc 称为母联断路器。

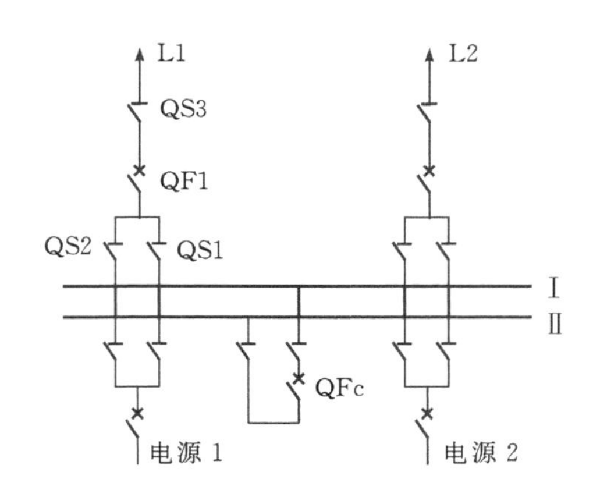

图 1-4　双母线接线

两种正常运行方式：

（1）两组母线同时工作，电源与负荷进行合理分配，通过一组隔离开关固接在一定的母线上。

说明：一些电源和出线固定连接在一组母线上，另一些电源和出线固定连接在另一组母线上，母联断路器 QFc 合上，相当于单母线分段运行；另一种方式为一组母线工作，一组母线备用，全部电源和出线接于工作母线上，母联断路器断开，相当于单母线运行。

（2）双母线正常运行时一般按单母线分段的方式运行，后一种运行方式一般在检修母线或某些设备时应用。

双母线接线特点：

（1）供电可靠：检修任一母线时，不会中断供电。如欲检修母线 II 时的操作（倒母操作）：闭合 QFc 两侧的隔离开关—闭合 QFc—闭合各回路备用母线侧隔离开关—断开各回路工作母线侧隔离开关。

（2）检修任一回路的母线隔离开关时，只需断开该回路。

（3）工作母线发生故障时，可迅速恢复供电。

（4）方便试验：任一回路试验时，只需把此回路单独切换至备用母线。

（5）任一回路断路器检修时，可用母联断路器代替其工作。

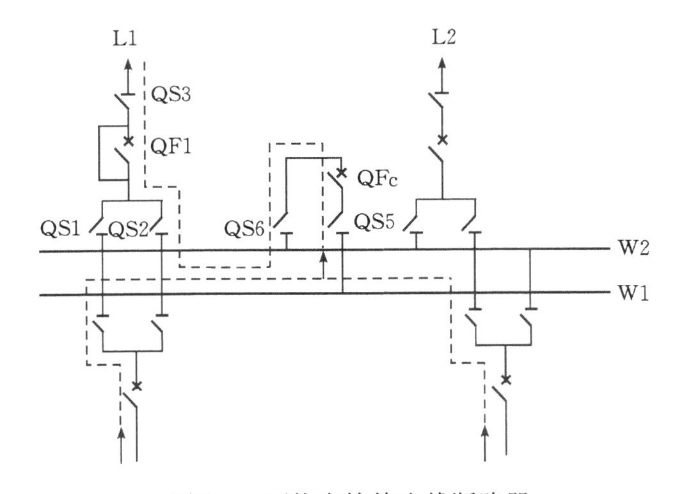

图 1-5　不停电检修出线断路器

操作过程：断开 L1 线路断路器 QF1，并断开两侧的隔离开关 QS1、QS3，拆除 QF1 上的接线—在拆除 QF1 的缺口处连接一临时跨条—闭合 QS2、QS3，闭合隔离开关 QS5、QS6—闭合母线联络断路器 QFc，如图 1-5 所示。

优点：可靠性和灵活性大大提高。

缺点：双母线接线倒闸操作较复杂，易误操作，且由于设备多，配电装置复杂、经济性差。

为进一步缩小母线停运的影响，可采用双母线分段的接线。为了检修出线断路器时避免该回路短时停电，则须装设旁路母线。

3）无汇流母线的主接线

以上各种有母线的主接线形式中所采用的断路器数目一般大于连接回路的数目，导致整个配电装置占地面积大，建设成本高。对于一些对经济性要求较高的场合，在满足主接线可靠性要求的前提下，可考虑采用无汇流母线的主接线。

常见的有单元式接线和桥式接线，如图 1-6、图 1-7、图 1-8 所示。

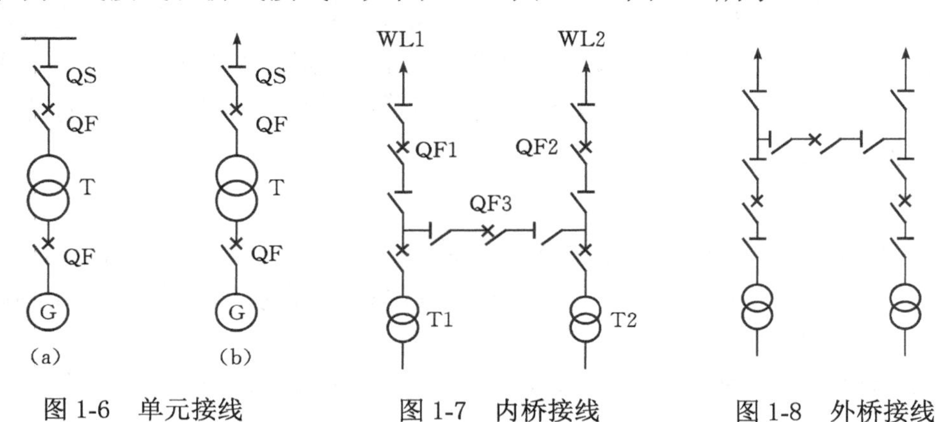

图 1-6　单元接线　　图 1-7　内桥接线　　图 1-8　外桥接线

4）车间变电所主接线图

车间变电所高压侧主接线如图 1-9 所示。

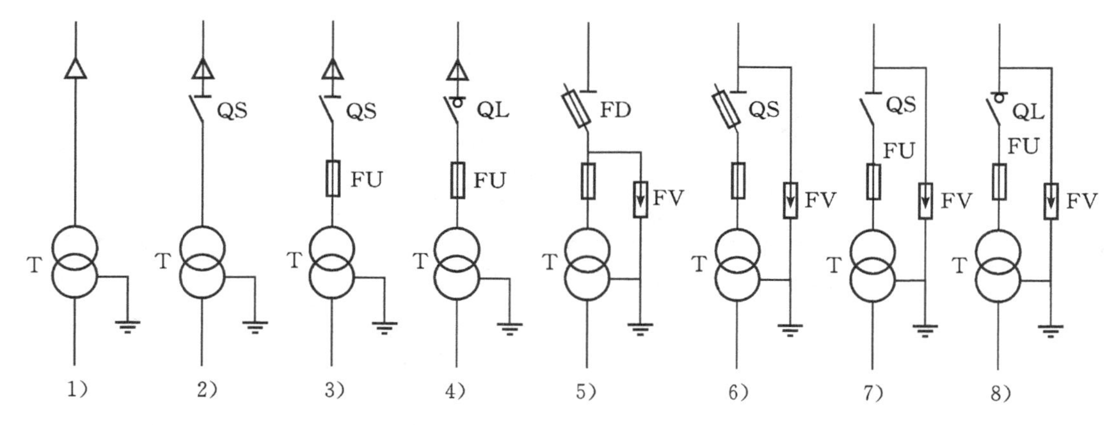

QS—隔离开关；QL—负荷开关；FU—熔断器；FD—跌开式熔断器；FV—阀式避雷器。

图 1-9　车间变电所高压侧主接线（8 种方案）

5）小型工厂变电所主接线图

（1）只有一台变压器的变电所主接线，典型接线方案及特征如表 1-10、表 1-11 所示。

表1-10　一台变压器的几种典型主接线方案（一）

高压侧控制方式	采用隔离开关－熔断器控制或户外跌落式熔断器控制
主接线图	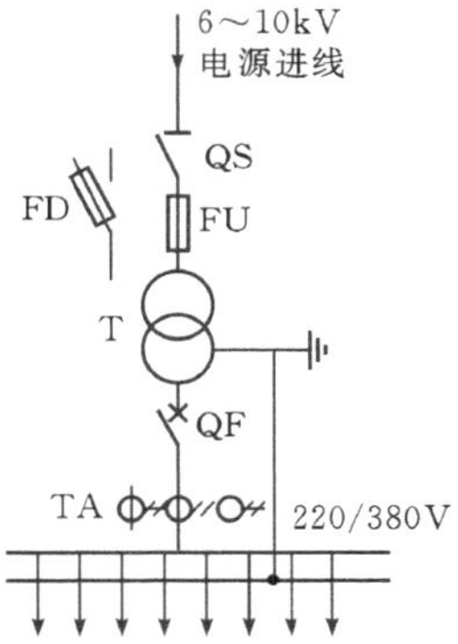 6～10kV 电源进线；QS；FD；FU；T；QF；TA；220/380V
优缺点	简单经济，但停电和送电的操作比较复杂，供电可靠性不高
应用	适用于 500kV·A 及以下容量的三级负荷小型变电所

表1-11　一台变压器的几种典型主接线方案（二）

高压侧控制方式	采用隔离开关－熔断器控制	
主接线图	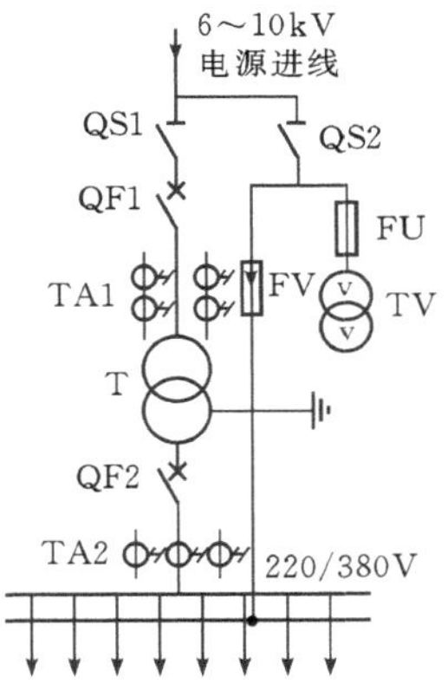 6～10kV 电源进线；QS1；QS2；QF1；FU；TA1；FV；TV；T；QF2；TA2；220/380V	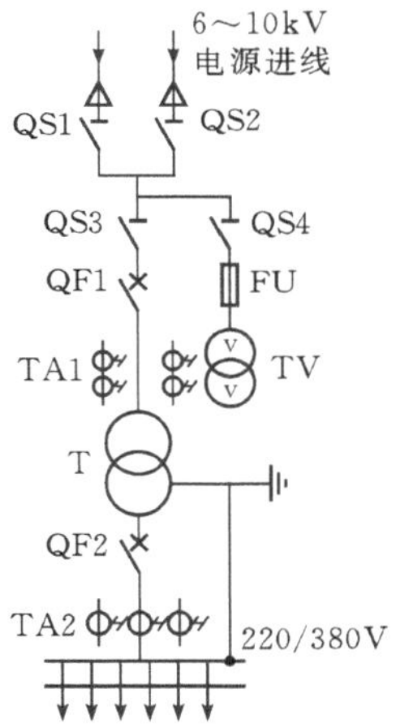 6～10kV 电源进线；QS1；QS2；QS3；QS4；QF1；FU；TA1；TV；T；QF2；TA2；220/380V
优缺点	停电和送电的操作十分灵活方便，供电可靠性较高，只有一路电源进线	停电和送电的操作灵活方便，两路电源进线，供电可靠性高
应用	只用于三级负荷变电所，但供电容量较大	可为二级负荷变电所供电

（2）两台变压器的变电所主接线方案，如表 1-12 所示。

表1-12　两台变压器的变电所主接线方案

控制方式	高压侧无母线、低压侧单母线分段
主接线图	6～10kV 电源进线 QS3 QS4 QS1 QS2 TV1 FV1 QF1 FV2 T TA1 TA2 T1 T2 QF3 QF4 QK1 QK2 TA3 TA4 220/380V QF5
优缺点	供电可靠性较高
应用	可为一、二级负荷供电

（三）工厂变配电所的电气设备

1．高压一次设备。

1）高压熔断器

组成：金属熔体（铜、铝、铝锡合金、锌等材料制成）、熔管及支持熔体的触头。

功能：对电路和设备进行短路保护，但有的熔断器也具有过负荷保护的功能。

按使用环境不同：户内式和户外式。

按结构特点不同：支柱式和跌落式。

按工作特性不同：限流式和非限流式。

高压熔断器全型号的表示和含义，如图 1-10 所示：

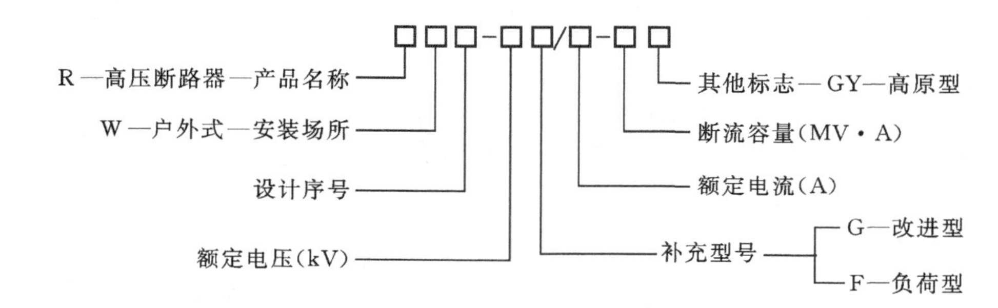

图 1-10　高压熔断器型号含义

RN1 型户内高压管式熔断器，如图 1-11 所示。

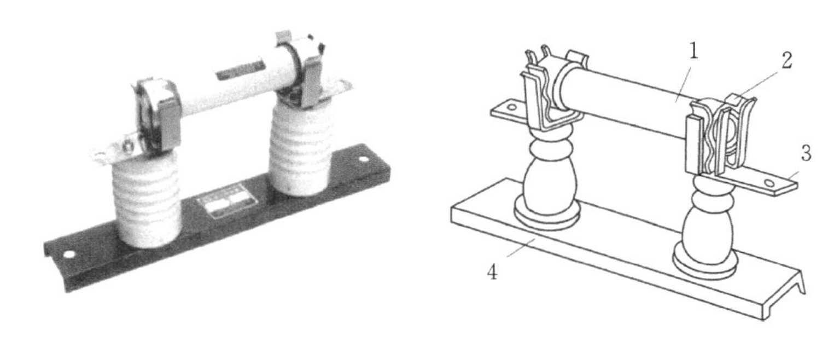

1—熔管；2—静触头座；3—接线座；4—底座。

图 1-11　RN1 型高压熔断器的外形及结构图

2）高压隔离开关

典型高压隔离开关的结构图、实物图及型号含义如图 1-12、图 1-13、图 1-14 所示。

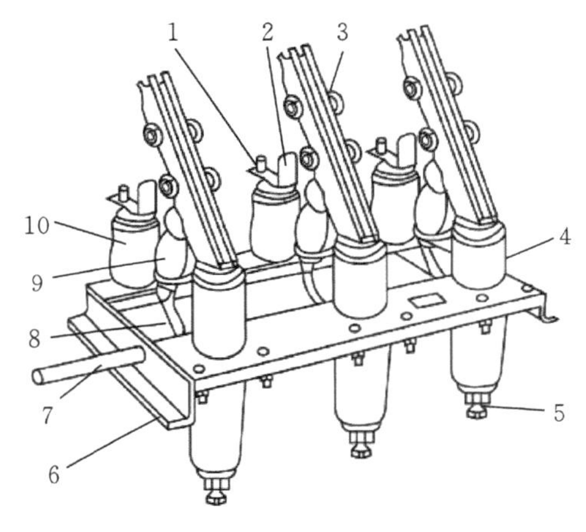

1—上接线端子；2—静触头；3—刀开关；4—套管绝缘子；5—下接线端子；
6—框架；7—转轴；8—拐臂；9—升降绝缘子；10—支柱绝缘子。

图 1-12　GN8-10/600 型户内高压隔离开关结构图

图 1-13　GW9 -10 型高压隔离开关实物图

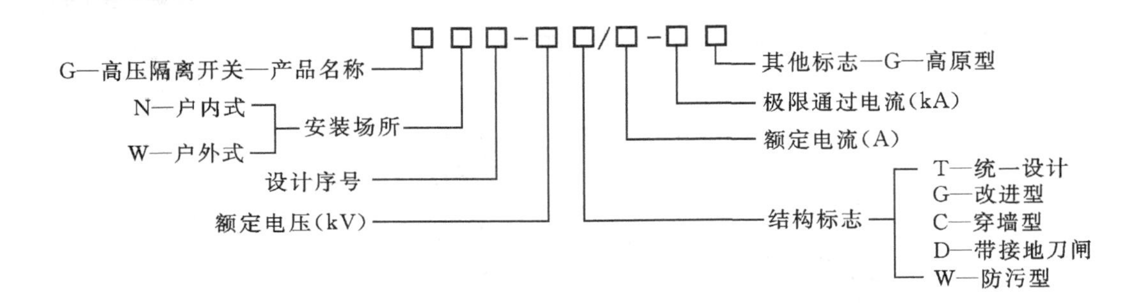

图 1-14　高压隔离开关型号含义

3）高压负荷开关

高压负荷开关（QL）具有简单的灭弧装置，能通断一定的负荷电流和过负荷电流，不能断开短路电流。装有脱扣器时，在过负荷情况下可自动跳闸。高压负荷开关的实物图如图 1-15 所示。

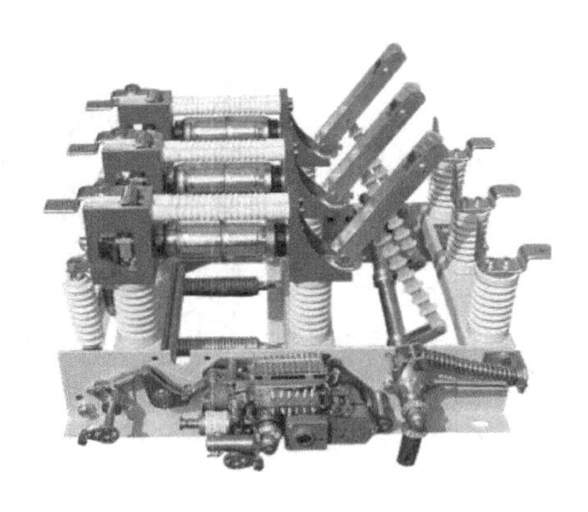

图 1-15　FZN16A-12 系列户内交流高压负荷开关实物图

高压负荷开关全型号的表示和含义，如图 1-16 所示：

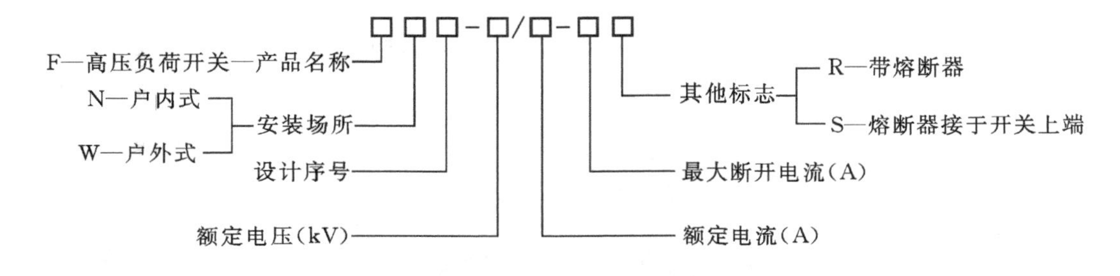

图 1-16　高压负荷开关型号含义

4）高压断路器

高压断路器（QF）不仅能通、断正常负荷电流，还能接通和承受一定时间的短路电流。在短路时与继电保护装置配合自动跳闸，切除短路故障，保证电力系统及电气设备的安全运行。

高压断路器按采用的灭弧介质不同分为：油断路器、六氟化硫（SF_6）断路器、真空断路器、压缩空气断路器、磁吹断路器等。其中，应用最广的是少油断路器、六氟化硫（SF_6）断路器、真空断路器等。

高压断路器全型号的表示和含义，如图 1-17 所示：

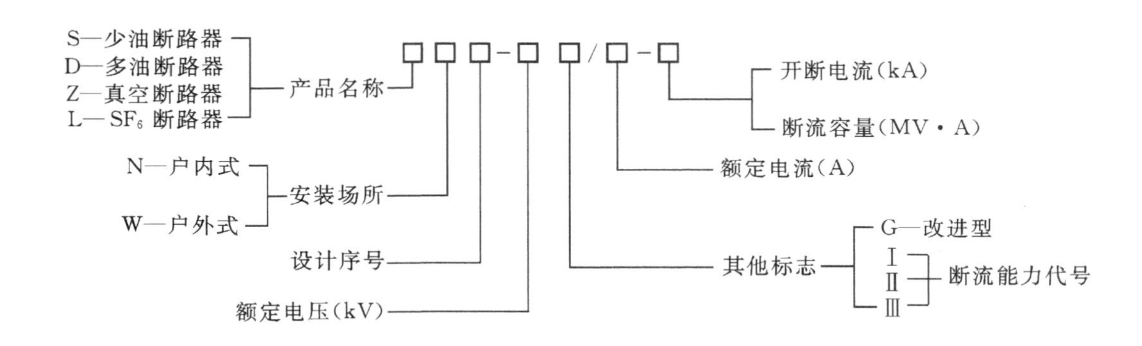

图 1-17 高压断路器全型号含义

真空断路器

真空断路器是利用“真空”（气压为 10^{-2} ~ 10^{-6}Pa）灭弧的一种断路器，其触头装在真空灭弧室内，真空断路器的外形如图 1-18 所示。

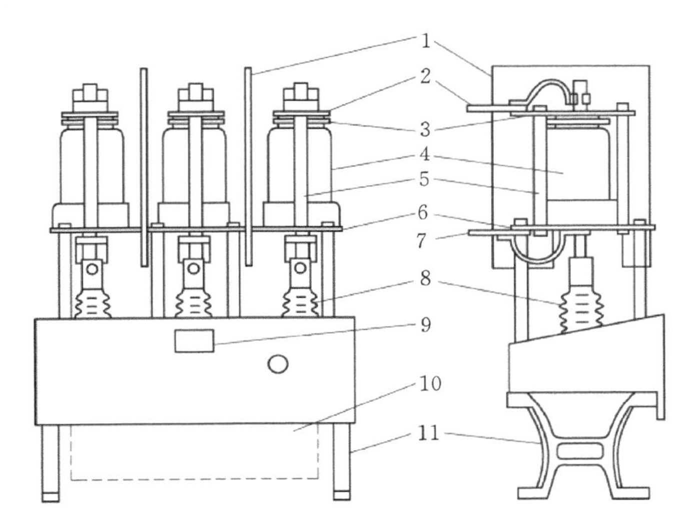

1—绝缘隔板；2—上出线板；3—上压板；4—真空灭弧室；5—绝缘支撑杆；6—绝缘撑板；7—下出线板；8—绝缘子；9—铭牌；10—操作机构；11—支架。

图 1-18 ZN3-10 I 型真空断路器的外形图

5）高压开关柜

高压开关柜是按一定的线路方案将有关一、二次设备组装而成的一种高压成套配电装置。

（1）高压开关柜全型号的表示和含义，如图 1-19 所示。

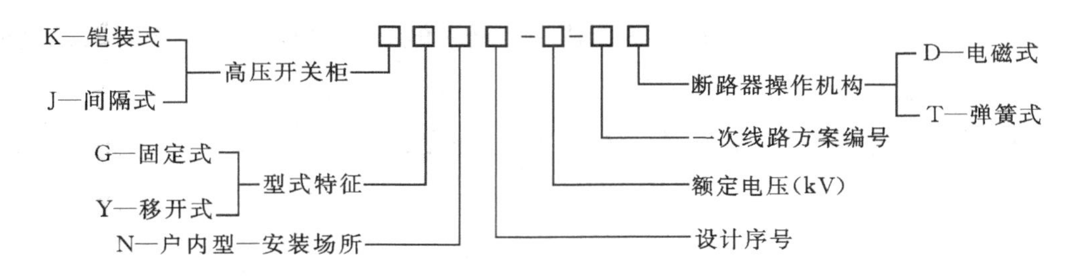

图 1-19　高压开关柜全型号含义

（2）固定式高压开关柜。固定式高压开关柜的柜内所有电器部件都固定安装在不能移动的台架上。

图 1-20 为 XGN56-12 箱型（户内）交流金属封闭型高压开关柜外形图和内部结构图。该型开关柜柜体骨架由钢板折弯后组装而成，柜内分断路器室、主母线室、电缆室、继电器仪表室等，各隔室由接地良好的隔板相隔。

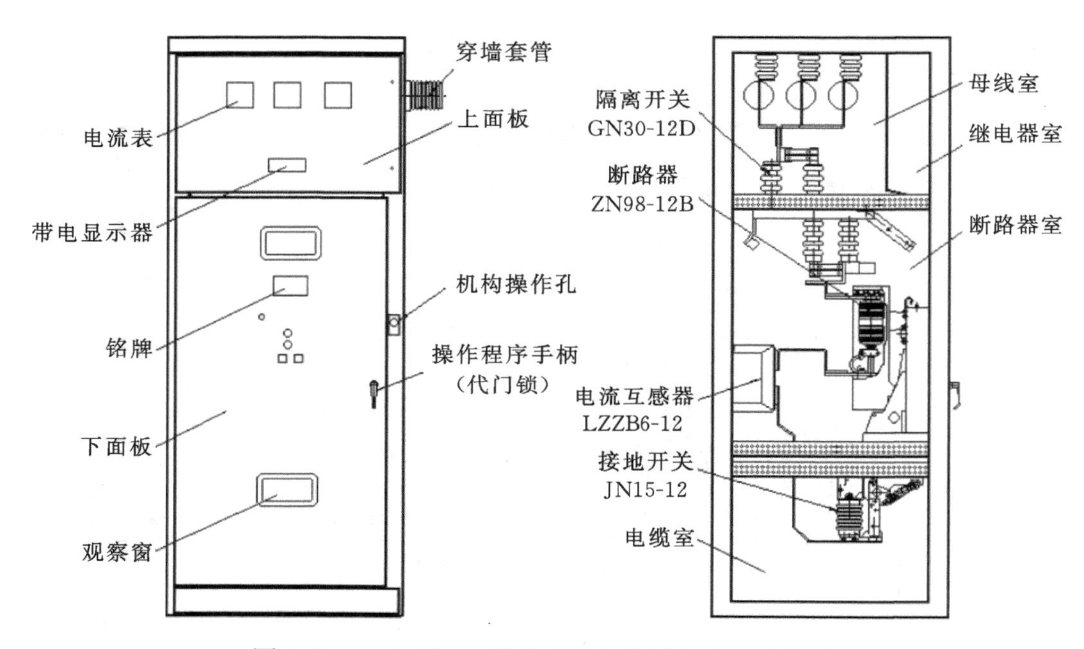

图 1-20　XGN56-12 箱型开关柜外形及内部结构图

（四）实训室的高压开关柜

1. 概述。

XGN 箱型固定式（开关柜和主要元器件都为固定安装）金属封闭开关设备（简称开关柜），主要用于电压为 3kV、6kV、10kV，频率为 50Hz 的三相交流电力系统中电能的接收与分配，具有对电路控制保护和监测等功能。其母线系统为单母线、可派生出单母线带旁路和双母线系统。

本开关柜符合国家标准 GB3906《3~35kV 交流金属封闭开关设备》及国际标准 IEC298 的要求，并且具有完善的防误操作功能。

本开关柜的主开关采用 ZN28-12/630A-25kA（配 CT19 操作机构）真空断路器，隔离开关采用 GN30-12D/630A 旋转式隔离开关系列产品。

2. 产品使用环境条件。

（1）环境温度：上限 +40℃，下限 –10℃；

（2）海拔高度：不超过 1000m；

（3）相对湿度：日平均值不大于 95%，月平均值不大于 90%；

（4）地震烈度：不超过 8 度；

（5）没有火灾、爆炸危险、严重污秽、化学腐蚀及剧烈震动的场合。

3. 型号含义。

XGN2-12 箱型固定式交流金属封闭开关设备的型号含义及主接线图如图 1-21、图 1-22 所示。

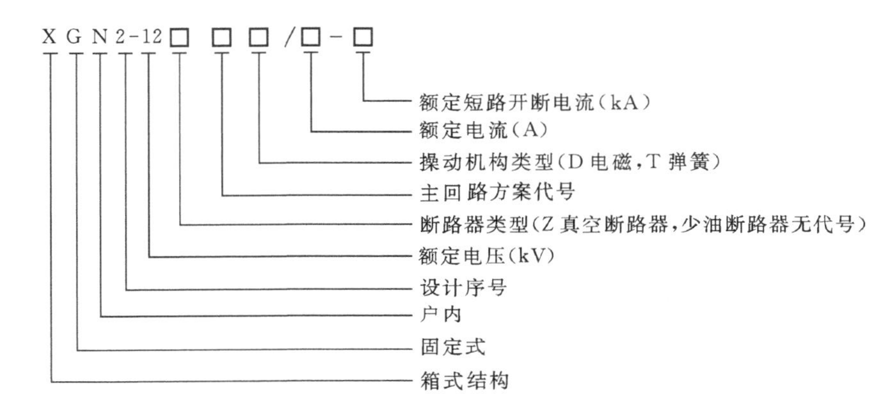

图 1-21　XGN2-12 箱型固定式交流金属封闭开关设备的型号含义

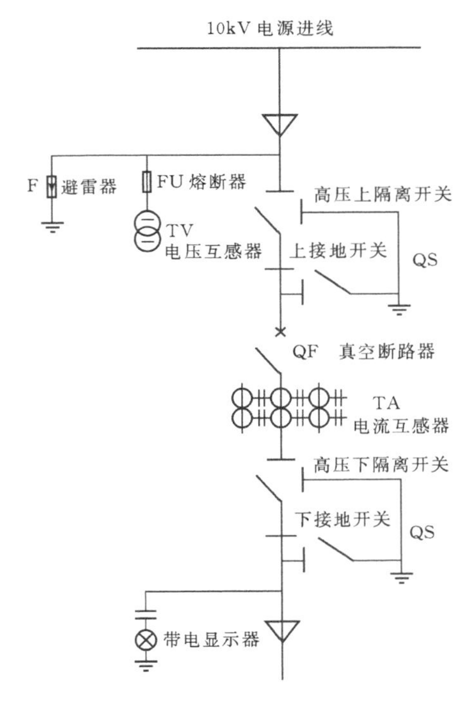

图 1-22　XGN2-12 型高压开关柜主接线图

4. 结构特点。

XGN2-12 开关柜为金属封闭箱式结构，柜体骨架由角钢焊接而成，柜内分为断路器室、母线室、电缆室、继电器室等，室与室之间用钢板隔开。图 1-23 为 XGN2-12 开关柜的各室分布示意图。

1）断路器室

断路器室在柜体前下部，断路器的转动由拉杆与操动机构连接，断路器上接线端子与上隔离开关连接，断路器下接线端子与电流互感器连接，电流互感器与下隔离开关的母排连接，断路器室还设有压力释放通道，若内部发生电弧时，气体可通过排气通道将压力释放。

2）母线室

母线室在柜体后上部，为了减小柜体高度，母线呈品形排列，以 7350N 抗弯强度的瓷质绝缘子支持，母线与上隔离开关母排连接，相邻两母线室之间可隔离。

3）电缆室

电缆室在柜体下部的后方，电缆室内支持绝缘子可设有电压监视装置，电缆固定在支架上，当主接线为联络方案时，本室则为联络小室。

4）继电器室

继电器室在柜体上部前方，室内安装板可安装中间继电器等，室内有端子排支架，门上可安装指示仪表、信号元件等二次元件，顶部还可布置二次小母线。

5）断路器的操动机构

断路器的操动机构装在下面左边位置，其上方为隔离开关的操作及联锁机构。开关柜为双面维护，前面检修继电器的二次元件，维护操动机构、机械联锁及传动部分，检修断路器。后面维护主母线和电缆终端，在断路器室和电缆室均有照灯。前门的下方设有与柜宽方向平行的接地铜母线。

6）机械联锁

为了防止带负荷分合隔离开关，误分误合断路器，误入带电间隔，带电合接地开关，带接地刀合闸等操作，开关柜采用断路器，上、下隔离开关，前后门之间采用 JSXGN 型箱式柜专用机械锁机构与机械程序锁并用的方式。

7）JSN（W）I 五防程序锁

JSN（W）I 型系列防误（操作）机械程序锁，是一种高压开关设备用锁。该锁强制运行人员按照既定的安全操作程序对电器设备进行正确的操作，从而避免了误操作事故的发生，较为完善地达到了原水电部提出的“五防”要求。

高压开关柜的“五防”要求如下：

①高压开关柜内的真空断路器小车在试验位置合闸后，小车断路器无法进入工作位

置（防止带负荷合闸）。

②高压开关柜内的接地刀在合位时，小车断路器无法进合闸（防止带接地线合闸）。

③高压开关柜内的真空断路器在合闸工作时，盘柜后门用接地刀上的机械与柜门闭锁（防止误入带电间隔）。

④高压开关柜内的真空断路器在工作时合闸，合接地刀无法投入（防止带电挂接地线）。

⑤高压开关柜内的真空断路器在工作合闸运行时，无法退出小车断路器的工作位置（防止带负荷拉刀闸）。

本产品只需用一把钥匙按照指定的回路进行多把锁具的程序操作，且有鉴别各个刀闸、柜门、机构分合状态的性能。符合机械部 JB/T8455—1996《高压开关设备用机械锁通用技术条件》标准。通过了机械部、水电部组织的批试、生产、审查、鉴定。图 1-24 即为机械程序锁各部分的组成实物图。

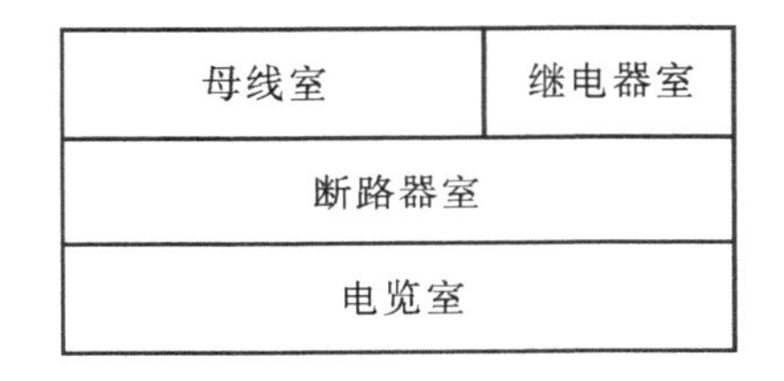

图 1-23　开关柜各室分布图

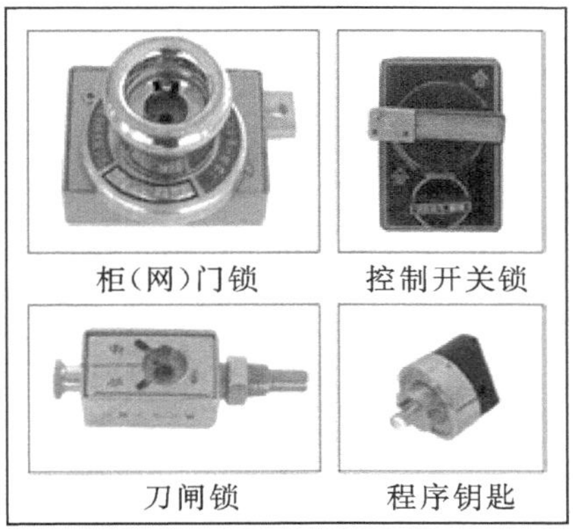

柜(网)门锁　控制开关锁

刀闸锁　程序钥匙

图 1-24　机械程序锁

8）高压带电显示装置

高压带电显示装置又叫电压抽取装置，它由高压传感器和显示器两个单元组成。它不但可以提示高压回路带电状态，而且还可以与电磁锁配合，实现制闭锁开关手柄和开关柜柜门，防止带电关合接地开关和误入带电间隔，从而提高防误性能。图 1-25 即为高压带电显示装置的外形图。

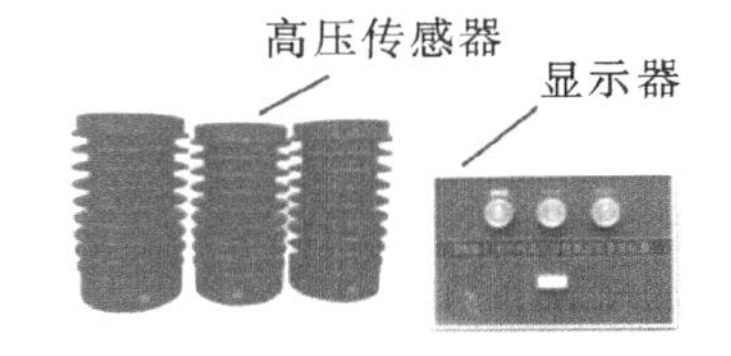

图 1-25　高压带电显示装置

9）温湿度传感器和加热器

在断路器室和电缆室内分别装设有加热器和凝露自动控制器，防止凝露和腐蚀。实物图如图 1-26 所示。

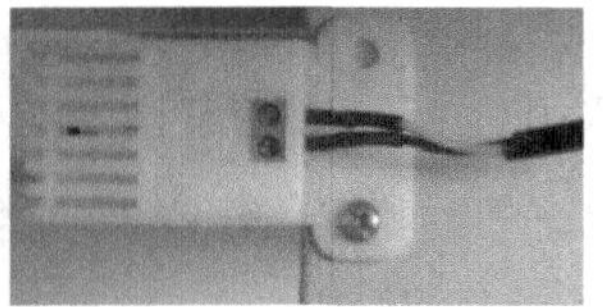

加热器　　温湿度传感器

图 1-26　温湿度传感器和加热器

5．实训内容及步骤

此步骤要求实训人员细心观察操作人员的动作过程，操作人员要告诉观察人员所操作的步骤内容。

图 1-27 和图 1-28 分别为 ZN28-12 型真空断路器操作面板图和隔离开关的操作及联锁机构图。

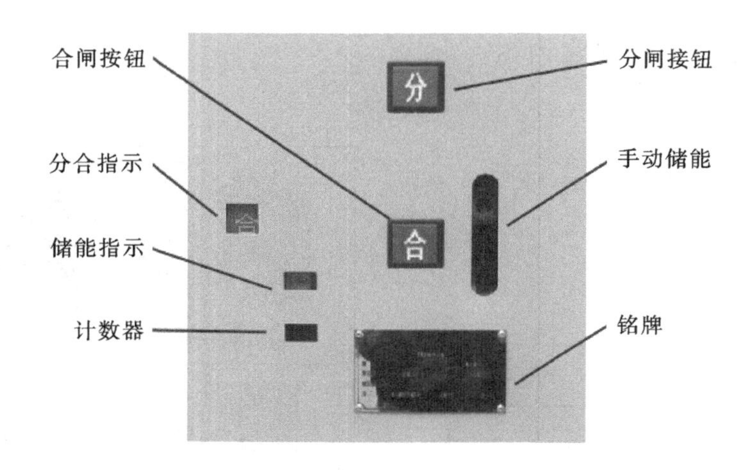

图 1-27　ZN28-12 型真空断路器操作面板

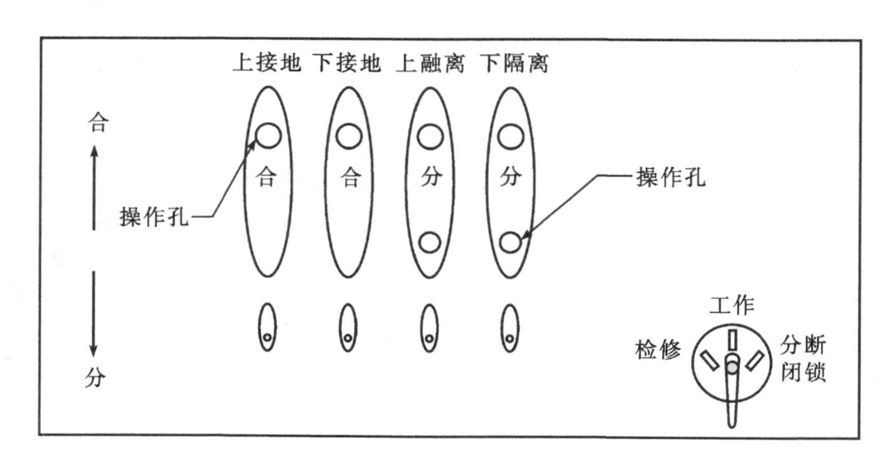

图 1-28　隔离开关的操作及联锁机构

1）停电操作（运行—检修）

①开关柜处于工作位置，先按下真空断路器手动分闸按钮或者把凸轮开关扳到分闸位置，断路器分闸指示灯（绿灯）亮，说明真空断路器分闸成功。

②再将小手柄扳到“分断闭锁”位置，这时断路器不能合闸，将操作手柄插入下隔离的操作孔内，从上往下拉，拉到下隔离分闸位置。

③将操作手柄插入上隔离的操作孔内，从上往下拉，拉到上隔离分闸位置。

④再将手柄拿下，插入上接地开关操作孔内，从下向上推，使下接地开关处于合闸位置。

⑤再将手柄拿下，插入下接地开关操作孔内，从下向上推，使上接地开关处于合闸位置。

⑥这时可将小手柄扳到“检修”位置。先打开前门，取出门后边钥匙，再打开后门，停电操作完毕，检修人员对断路器室及电缆进行维护和检修。

2）送电操作（检修—运行）

若已检修完毕，需要送电，其操作程序如下：

①将后门关闭，钥匙取出后关前门，将小手柄从“检修”位置扳到“分断闭锁”位置，这时前门被锁定，断路器不能合闸。

②将操作手柄插入上接地开关操作孔内，从上向下拉，使上接地开关处于分闸位置。

③将操作手柄插入下接地开关操作孔内，从上向下拉，使下接地开关处于分闸位置。

④将操作手柄拿下，插入上隔离的操作孔内，从下向上推，使上隔离处于合闸位置。

⑤将操作手柄拿下，插入下隔离的操作孔内，从下向上推，使下隔离处于合闸位置。

⑥取出操作手柄，将小手柄扳至“工作”位置，最后利用附件手柄手动或使用电动储能按钮 SA1 使弹簧储能机构储能。

⑦若面板上显示“已储能”，再按下手动合闸（红色）按钮或者把凸轮开关扳到“合闸”位置，断路器合闸指示灯（红灯）亮，说明真空断路器合闸成功，即送电操作完成。

二、组织管理

（一）班组管理的形式和主要内容

1. 班组的管理形式。

供配电企业一般实行公司、项目部、班组三级管理，班组是供配电企业管理的最基层，班组实行在专业工长领导下的班组长负责制。

班组要建立以班组长为首，有安全员、技术员参加的班组核心。

2. 班组管理的主要内容。

1）班组的安全管理

班组必须贯彻“任何事故都是可以避免的”安全生产方针，正确处理安全与生产的关系，把安全生产作为头等大事来抓。

坚持每周一次的安全活动，总结一周的安全生产情况，制定安全措施，学习有关的安全生产文件、指示、事故通报，对发生的事故和违章做到“四不放过”（事故原因不查清不放过、责任人员未处理不放过、整改措施未落实不放过、有关人员未受到教育不放过)。

严格执行安全规程及有关安全规定，工作现场要符合有关要求，严禁违章作业。坚持“两票”（工作票、操作票）“三制”（交接班制、巡回检查制、设备定期轮换制），落实“两措”（安全措施、反事故措施）计划，搞好安全大检查。

2）班组的生产管理

班组的生产管理主要是合理、科学地安排生产、工作，按计划组织生产，全面完成生产作业计划和承包任务。

搞好生产现场管理，做到文明生产、秩序井然、定置管理、物放有序、工完场清。

搞好设备管理，建立健全设备分工责任制，严格执行设备管理制度、工作标准、有关规程，做好设备的日常维护和计划检修工作，提高设备完好率，积极应用全面质量管理、网络计划技术等现代化管理方法，不断提高设备管理水平。

搞好劳动管理，按定员定额组织生产，严格劳动纪律，认真考勤，提高工时利用率。

搞好备品备件、工器具及材料的管理工作，发放、借用手续健全，账、物、卡相符。

3）班组的质量管理

班组成员必须牢固树立“质量第一和为用户服务”的思想，不断增强全面质量管理的意识。坚持“三检”（自检、互检、专检）活动，把好质量关。运用各种质量管理手段积极开展群众性的质量管理活动。

4）班组基础工作

班组应根据上级规定和实际需要，配备必要的标准、规程、制度，班组一般应设以下基本记录：

安全管理：安全活动记录簿、安全与技术培训记录簿、安全工器具台账登记簿。

运行管理：事故预想、反事故演习记录、工作票登记簿、绝缘测定记录簿、设备试验记录簿。

设备管理：设备台账、设备巡视记录、设备缺陷记录、检修文件包。

基础管理：班长工作日记。

科技管理：QC 活动记录。

培训管理：安全与技术培训记录簿。

民主管理：民主管理记录。

5）班组各项记录资料内容的规定

安全活动记录：学习《电业安全工作规程》及有关安全生产方面的文件、指示、事故通报、安全生产简报及厂部和分厂（专业）有关安全生产会议的记录（包括学习人员的讨论发言、心得体会）；每月查找所辖设备、人身安全隐患的记录及所采取的防范措施、问题的处理结果；不安全事件分析。

安全工器具登记簿：工器具名称、型号规格、数量、校验周期、检查日期。

设备缺陷通知单：由运行人员填写，包括缺陷名称、缺陷性质、发现人、被通知人、通知时间、取单人、取单时间。

设备缺陷统计：按附录格式认真填写。

绝缘测定记录簿：包括设备名称、测定时间、测定人、复核人、测定结果。

设备试验记录簿：包括试验项目名称、试验日期、试验方式、参加人员、试验结果。

事故预想记录簿：包括预想人、预想题目、事故现象、处理原则、评语。

反事故演习记录簿：包括参加演习人员、演习负责人、监护人、演习开始时间、演习题目、演习经过、评语。

设备台账：设备名称、型号、规格、编号、厂家、出厂日期、投产日期、设备检修时间记录。

设备巡视记录：巡视时间、巡视人、发现问题、处理时间。

设备缺陷记录：发现缺陷时间、发现问题、处理时间、责任人。

检修文件包：按《检修文件包编写管理标准》编写。

班长日记：班组人员出勤记录、每天的《电业安全工作规程》学习记录；工作分配情况记录、重点工作危险点预测分析记录、一天工作中的安全工作重点布置记录；传达上级指示、命令的记录；月工作计划及日、周、月工作总结；理论学习与法律学习，民主生活会、民主管理会、评议班长、批评与自我批评；节能宣传周活动内容；违章情况登记及两票办理执行情况。

安全与技术培训记录（安全、消防、职业危害、技术培训）：培训内容、培训题目、培训时间、参加人员、主讲人、记录人。

考问讲解记录簿：包括日期、姓名、考问讲解题目、补充内容、评价、主考人。

QC 活动记录：课题名称、小组概况、选题理由、原因分析、采取的对策、效果分析与检查、采取的巩固措施。

（二）供配电实训班组管理

每次实训都以班组为单位进行，每班组由2～4人组成。每班设班长一名，安全员一名。

班长主要职责：根据老师布置的任务内容及要求，明确人员分工及协作要求，制订工作计划。学习必要的知识与技能，为完成任务做好准备。勘查现场，按作业规程、工艺要求完成工作任务。完成工作任务后整理现场，交付验收。

班长作为工作负责人，还要开好工作票、施工作业票，组织开好班前会、班后会。

安全员主要职责：做好本班组安全管理，做好安全记录。

练习题一

安全工器具使用与维护测试

一、单项选择题（每题 2 分，共 10 题）

1．公用安全工器具设专人保管，保管人应定期进行日常检查、维护、保养。发现不合格或（　）的应另外存放，做出不准使用的标志，停止使用。

A. 从外单位借来　　B. 新购置　　C. 超试验周期

2．电力工业电力安全工器具质量监督检验测试中心每（　）一次电力安全工器具生产厂家检验合格的产品名单。

A. 两年公布　　B. 半年公布　　C. 年公布

3．各类电力安全工器具必须由（　）电力安全工器具检验机构进行检验。

A. 国家　　B. 省级　　C. 具有资质的

4．有关单位应定期统一组织电力安全工器具使用方法的培训，凡是在工作中需要使用电力安全工器具的工作人员，都（　）接受培训。

A. 必须　　B. 可以　　C. 自愿参加

5．绝缘手套使用前应进行（　），如发现有裂纹、破口、发脆等损坏时禁止使用。

A. 外观检查　　B. 耐压试验　　C. 拉力试验

6．有关单位应（　）统一组织电力安全工器具使用方法的培训。

A. 定期　　B. 酌情　　C. 经常

7．用于 10kV 电压等级的绝缘隔板，厚度不得小于（　）mm。

A.3　　B.4　　C.2.5

8．工作人员进入 SF_6 配电装置室，入口处若无 SF_6 气体含量显示器，应先通风（　），并用 SF_6 气体检漏仪测量气体含量是否合格。

A.60 min　　B.30 min　　C.15 min

9．对安全工器具的（　）性能产生疑问时，应进行试验，合格后方可使用。

A. 质量、价格　　B. 绝缘、外观　　C. 机械、绝缘

10．国家电网公司统一负责公司系统安全工器具的（　）工作。

A. 监督管理　　B. 设计制造　　C. 经营销售

二、多项选择题（每题 4 分，共 10 题）

11．“电力安全工器具”是指为防止触电、灼伤、坠落、摔跌等事故，保障工作人员人身安全的各种专用（　）。

A. 设备　　B. 工具　　C. 仪器　　D. 器具

12．《电力安全工器具管理规定》规范了电力安全工器具的购置、验收、（　）、

报废等环节的管理。

A. 设计　B. 试验　C. 使用　D. 制造　E. 保管

13. 安全工器具的生产厂家对有质量问题的产品应负责（　）。

A. 退货　B. 及时、无偿更换　C. 进行修理　D. 提供备件

14. 安全工器具的试验合格证上应注明（　）。

A. 试验项目　B. 试验人　C. 试验日期　D. 下次试验日期　E. 上次试验日期

15. 安全带不得系在下列哪些地方：（　）。

A. 比作业位置高度高的地方　B. 和作业位置高度相同的地方

C. 比作业位置高度低的地方　D. 棱角锋利的地方　E. 移动的物件上

16. 接地线使用前，应进行外观检查，如发现（　）、夹具断裂松动等不得使用。

A. 生锈　B. 绞线松股　C. 绞线断股　D. 护套严重破损

17. 设备检修时，模拟盘上所挂地线的（　），应与工作票和操作票所列内容一致，与现场所装设的接地线一致。

A. 型号　B. 数量　C. 位置　D. 地线编号　E. 停电设备名称

18. 靠在（　）使用梯子时，其上端须用挂钩挂住或用绳索绑牢。

A. 树上　B. 电杆上　C. 管子上　D. 导线上

19. 下列哪些情况应对安全工器具进行试验：（　）。

A. 规程要求进行试验的　B. 新购置的　C. 自行研制的　D. 国家明令淘汰的

20. 进行设备（　）装拆接地线等工作应戴绝缘手套。

A. 安装　B. 调试　C. 验电　D. 倒闸操作

三、判断题（每题 2 分，共 10 题）

21. “电力安全工器具”是指为防止工作人员发生触电事故的各种专用工具和器具。（　）

22. 安全工器具必须符合国家和行业有关安全工器具的法律、行政法规、规章、强制性标准及技术规程的要求。（　）

23. 电力安全工器具经试验或检验合格后，应在安全工器具的显著位置贴上标签，在标签上注明工器具名称及编号。（　）

24. 安全帽使用期，从购买到货之日起计算。（　）

25. 安全带使用期一般为 3 ～ 5 年，发现异常应提前报废。（　）

26. 安全带的保险带、绳使用长度在 4 m 以上的应加缓冲器。（　）

27. 脚扣使用时，应在正式登杆前在杆根处用力试登，判断脚扣是否有变形和损伤。（　）

28. 使用绝缘杆前，应检查绝缘杆的堵头，如发现破损，应禁止使用。（　）

29．现场带电安放绝缘挡板及绝缘罩时，可不戴绝缘手套。（　）

30．使用绝缘靴时，应将裤管套在靴外，并要避免接触尖锐的物体，避免接触高温或腐蚀性物质，防止受到损伤。（　）

四、简答题（每题5分，共4题）

31．“电力安全工器具”是指什么工器具？

32．接地线的使用注意事项有哪些？

33．发现绝缘手套有什么现象时禁止使用？

34．绝缘安全工器具应当存放在什么条件的地方？

练习题二

工厂供配电实训的基础知识与基本技能

一、填空题

1．由______、______、______、______、______组成的统一体，称为电力系统。

2．衡量电能质量的指标包括三方面，即______，______和______。

3．电气设备按其作用不同，可分为______和二次设备。

4．一次设备是指直接参与______、______和______的设备。

5．二次设备是指对一次设备起______、______、______和保护作用的设备。

二、简答题

6．什么是电气主接线？对电气主接线有哪些基本要求？

7．真空断路器和隔离开关有什么本质区别？

8．为什么送电时，要先合隔离开关，再合断路器？

9．写出 XGN2-12 正确操作送电与停电的过程。

10．说说 XGN2-12 开关柜的一次系统的组成。

11．高压隔离开关有哪些功能？有哪些结构特点？

12．高压负荷开关有哪些功能？它可装设什么保护装置？它靠什么来进行短路保护？

13．高压断路器有哪些功能？

低压柜的认识与操作

低压柜是由一个或多个低压开关设备和与之相关的控制、测量、信号、保护、调节等设备，由制造厂家负责完成所有内部的电气和机械的连接，用结构部件完整地组装在一起的一种组合体。

低压柜适用于发电厂、石油、化工、冶金、纺织、高层建筑等行业，作为输电、配电及电能转换之用。低压柜产品必须符合 GB7251.1—2005《低压成套开关设备》（IDT EC60439-1 1999）标准规定。低压柜属于列入 3C 认证《强制性认证产品目录》的产品。

低压柜主要的功能及作用是：

①电能分配转换；

②马达控制；

③无功功率补偿；

④保护人身防止触电（直接和间接接触）；

⑤保护设备防止免受外界环境影响。

低压柜按用途可以分为：

①配电用：馈电柜（PC：Power Center）；

②控制用：马达控制柜（MCC：Motor Control Center）；

③补偿用：如无功功率补偿柜（电容器柜）。

任务一　低压刀开关与断路器检修

任务单

低压开关电器通常是指工作在交流 1200V 及以下与直流 1500V 及以下的电路中的开关电器。低压开关电器的种类繁多，用途广泛，可分为低压配电电器和低压控制电器等。主要包括低压刀开关、负荷开关、低压断路器、接触器和继电器等。

某机械厂一车间的低压柜中的刀开关与断路器发生故障，请各小组根据机械厂供配电要求设计车间变电所及低压配电系统，完成低压刀开关和断路器的检测，找出故障原因并更换元器件，选型必须符合 GB7251.1—2005《低压成套开关设备》（IDT IEC60439-1 1999）标准规定。

任务要求：

根据低压柜的设计要求与工作原理，完成低压刀开关和断路器的检测，找出故障原因并更换元器件，选型必须符合 GB7251.1—2005《低压成套开关设备》（IDT IEC60439-1 1999）标准规定。

学习目标

1. 认识 HD13BX-400/31 型低压刀开关，能说明型号的含义及开关结构；
2. 能正确操作 HD13BX-400/31 型低压刀开关；
3. 能说明 DW15 型低压万能断路器的用途及其技术参数；
4. 能正确操作 DW15 型低压万能断路器；
5. 能正确选用低压电气设备并进行正确的运行及维护；
6. 能与老师同学有效沟通，有团队合作精神，有良好的职业习惯；
7. 能按 7S 要求清理工作现场。

学习与工作内容

1. 阅读工作任务单，明确任务要求；
2. 学习计划的制订方法，制订任务一的学习计划；
3. 学习低压电器的基本常识；
4. 完成低压刀开关与断路器的检测；
5. 完成低压刀开关与断路器的维修；
6. 填写工作页相关内容；
7. 按 7S 标准清理工作现场。

学习时间

6 课时。

学习地点

供配电学习工作站、多媒体教室。

教学资源

1.《供配电技术》学生学习工作页；
2.《工厂配电技术实训指导书》；
3.《变配电室值班电工》；
4.“供配电技术”教学演示文稿；
5.“供配电技术”教学微课。

教学活动一　明确任务

学习目标

能阅读工作任务单，明确任务要求。

学习场地

供配电学习工作站。

学习时间

0.5 课时。

教学过程

1. 认真阅读任务单，明确本任务学习目标与任务要求，填写任务要求明细表（表 2-1）。

表2-1　任务要求明细表

项目名称	
任务要求	
工作与学习内容	
完成时间	

2. 组长检查组内成员任务明细表填写情况并评分，成绩填入项目考核评分表内相应位置，满分5分。

教学活动二　制订计划

学习目标

1. 能根据任务要求制订工作计划（包括人员分工）；
2. 小组成员能团结协作，互帮互学，优化工作计划。

学习场地

供配电学习工作站。

学习时间

0.5课时。

教学过程

1. 制订工作计划（表2-2）。

表2-2　工作计划表

工作内容	时间安排（课时）	任务接受者
学习低压刀开关和断路器的基本常识		所有成员
低压刀开关和断路器的检测		
低压刀开关和断路器的选择		
低压刀开关和断路器的维修		

2. 老师检查小组工作计划表填写情况并评分，成绩填入项目考核评分表相应位置，满分5分。

教学活动三　工作准备

学习目标

1. 熟悉低压刀开关与断路器的选择方法及运行维护要求；
2. 能根据故障现象，分析出故障的原因；
3. 能根据负荷，正确选择低压刀开关和断路器。

学习场地

供配电学习工作站。

学习时间

2 课时。

教学过程

1. 课外自学任务一知识链接中低压刀开关和断路器的基本知识。
2. 课内（1.5 课时）。
通过课内知识学习，请回答以下问题：
（1）说说如何正确使用刀开关。

（2）说说如何电动控制低压万能断路器。

（3）说说低压刀开关、低压万能断路器有哪些功能，在电力系统中起什么作用。

（4）分析刀开关和低压万能断路器控制、保护方式的不同特点。

3. 检修方案的讨论（0.5 课时）。

（1）小组根据负载情况与设备参数讨论确定低压刀开关与断路器的型号、性能指标，并讨论优化检修方案。

（2）各小组展示检修方案（每组发言时间不超出 2 分钟），对检修方案进行自评及互评，评价结果（取 6 个小组给出成绩的平均分）记录到附页项目考核表中对应栏目。

（3）各小组取长补短进一步优化检修方案。

（4）制订优化后的检修方案。

教学活动四　任务实施

学习目标

1. 能根据负载情况要求正确选用低压刀开关与断路器；
2. 能根据故障现象分析常见故障原因；
3. 能进行简单的维修；
4. 能遵照供配电安装规范熟练更换低压刀开关与断路器；
5. 能按 7S 管理规范整理工作现场。

学习场地

供配电学习工作站。

学习时间

2 课时。

教学过程

实施检修方案（2 课时）

1. 刀开关的检修（1 课时）。

（1）送电。将附件手柄卡入机械槽内，顺时针旋转到底，可以听见明显卡紧的声音并且“缺口”对着合闸位置，即为合闸成功。

（2）断电。将附件手柄卡入机械槽内，逆时针旋转到底并且“缺口”对着分闸位置，即为分闸成功。

（3）填写设备工作情况表（表 2-3）。

表2-3　设备工作情况记录表

工作方式	送电	断电
工作情况		

（4）如设备的工作情况不符合要求，请分析检查工作不正常的原因，排除故障并记录（表 2-4）。

表2-4　故障现象、原因分析及解决方法

故障现象	故障原因	解决方法

2. 低压断路器的检修（1 课时）。

DW15 型低压万能断路器控制面板如图 2-1 所示。

（1）手动操作断路器时，应逆时针扳动手柄，当手柄转动角度为 120° 时，断路器处于贮能状态，再顺时针扳下手柄，可使断路器快速合闸。这时请注意面板的方孔内“分”转为“合”，表明合闸成功。然后按下红色按钮使断路器断开，这时请注意面板的方孔内“合”转为“分”，表明分闸成功。

（2）当使用电磁铁闭合断路器时，断路器按有关二次回路接线图接好后，按面板上的合闸按钮，断路器即可合闸；按动分闸按钮时，断路器即可断开。

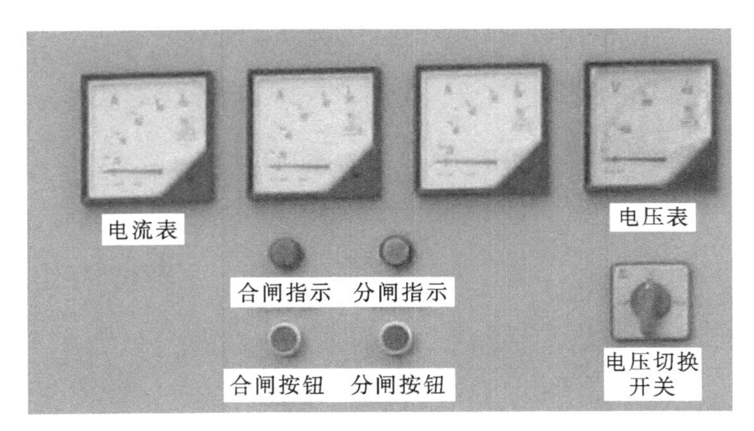

图 2-1　DW15 型低压万能断路器控制面板

（3）合闸。合闸前，分闸指示灯（绿灯）指示为分闸状态，按下合闸按钮（绿色），断路器动作，合闸指示灯（红灯）亮，绿灯熄灭，合闸成功。

（4）分闸。分闸前，合闸指示灯（红灯）指示为合闸状态，按下分闸按钮（红色），断路器动作，分闸指示灯（绿灯）亮，红灯熄灭，分闸成功。

（5）填写设备工作情况表（表 2-5）。

表2-5　设备工作情况记录表

工作方式	送电	断电
工作情况		

（6）如设备的工作情况不符合要求，请分析检查工作不正常的原因，排除故障并记录（表 2-6）。

表2-6　故障现象、原因分析及解决方法

故障现象	故障原因	解决方法

想一想，为什么一个低压柜里既有刀开关又有断路器，它们是否可以相互代替？在分合闸过程中要注意哪些安全事项？如果你还不会，请跟我学！

3. 按 7S 管理规范整理工作现场。

教学活动五　检查控制，任务验收

学习目标

1. 能如实记录任务完成情况；
2. 能有效展示项目工作成果；
3. 能合理评价工作任务完成情况。

学习场地

供配电学习工作站。

学习时间

0.5 课时。

教学过程

1. 各小组成员自行检查任务完成情况。

各小组成员运行调试安装完成的控制电路，观察并记录控制电路的工作情况，完成相关项目的自我评分，自评成绩记入自查表及项目考核评分表（表 2-7、表 2-8）。

表2-7　安装、调试任务完成情况自查表

项目工作内容	完成情况	配分	自评分	备注
刀开关的检修				
断路器的检修				
工作现场整理				该两项未完成或不规范扣职业素养分
工作页填写				

表2-8　项目考核评分表

序号	考核内容		考核要求	评分标准	配分	自我评价 10%	小组互（自）评 40%	老师评价 50%	综合成绩
1	职业素养	劳动纪律	按时上下课，遵守实训现场规章制度	上课迟到、早退、不服从指导老师管理，或不遵守实训现场规章制度扣 1 ～ 7 分	7				
		工作态度	认真完成学习任务，主动钻研专业技能，团队协作精神强	工作学习态度不端正，团队协作效果差扣 1 ～ 7 分	7				
		职业规范	遵守电工操作规程、规范，现场管理规定	不遵守电工操作规程及规范扣 1 ～ 6 分 不能按规定整理工作现场扣 1 ～ 3 分	6				
2	任务明细表填写		明确工作任务	任务明细表填写有错扣 1 ～ 5 分	5				
3	工作、学习计划制订		计划合理、可操作	计划制订不合理、可操作性差扣 1 ～ 5 分	5				

续表

<table>
<tr><th>序号</th><th colspan="2">考核内容</th><th>考核要求</th><th>评分标准</th><th>配分</th><th>自我评价10%</th><th>小组互（自）评40%</th><th>老师评价50%</th><th>综合成绩</th></tr>
<tr><td rowspan="2">4</td><td rowspan="2">知识技能准备</td><td>基本知识</td><td>按要求正确完成课堂问题</td><td>答题成绩 ×10%</td><td>10</td><td></td><td></td><td></td><td></td></tr>
<tr><td>基本技能</td><td>按要求完成刀开关与断路器的选择</td><td>每个设备型号分析错误扣 1 ～ 5 分</td><td>10</td><td></td><td></td><td></td><td></td></tr>
<tr><td rowspan="5">5</td><td rowspan="5">任务实施</td><td rowspan="3">施工方案设计</td><td rowspan="3">1. 施工方案正确合理
2. 符合安全操作规程
3. 正确使用安全工器具</td><td>方法不合理扣 1 ～ 12 分，酌情扣分</td><td>5</td><td></td><td></td><td></td><td></td></tr>
<tr><td>不符合安全操作规程每处扣 1 分</td><td>5</td><td></td><td></td><td></td><td></td></tr>
<tr><td>安全工器具使用错误每个扣 0.5 ～ 1 分</td><td>5</td><td></td><td></td><td></td><td></td></tr>
<tr><td>施工过程</td><td>根据施工方案进行施工作业</td><td>1. 损坏元件，每件扣 5 分
2. 违反安全操作规程，扣 3 ～ 5 分
3. 操作流程错误每处扣 5 分</td><td>7</td><td></td><td></td><td></td><td></td></tr>
<tr><td>工程验收</td><td>完成整个工程的施工、符合竣工验收标准</td><td>1. 工作终结流程错误每处扣 2 分
2. 检修过程不符合规定每处扣 2 分</td><td>10</td><td></td><td></td><td></td><td></td></tr>
<tr><td>6</td><td colspan="2">团队合作</td><td>小组成员互帮互学，相互协作</td><td>团队协作效果差扣 1 ～ 8 分</td><td>8</td><td></td><td></td><td></td><td></td></tr>
<tr><td>7</td><td colspan="2">创新能力</td><td>能独立思考，有分析解决实际问题能力</td><td>完成拓展学习任务得 10 分，部分完成酌情加分</td><td>10</td><td></td><td></td><td></td><td></td></tr>
<tr><td rowspan="2">备注</td><td rowspan="2" colspan="3"></td><td>合计</td><td>100</td><td></td><td></td><td></td><td></td></tr>
<tr><td>指导教师综合评价</td><td colspan="5">指导老师签名：　　　　年　　月　　日</td></tr>
</table>

2. 各小组长与指导老师一起验收6个小组的工作成果，记录小组任务完成的综合情况，并进行小组互评。

（1）个人任务实施项目分。根据个人任务完成情况按项目评分标准评分，取6个小组的平均分记入个人项目考核评分表“小组互评栏”。

（2）团队合作分。根据小组完成任务的综合情况评分（表2-9）。

表2-9　安装、调试任务小组完成情况评分表

项目工作内容	各小组完成情况						备注
	1组	2组	3组	4组	5组	6组	
刀开关的检修							
断路器的检修							
工作现场整理							该两项未完成或不规范扣职业素养分
工作页填写							
团队合作成绩							

教学活动六　总结拓展

学习目标

1. 能客观分析完成任务过程中的收获与存在的问题，撰写项目学习总结；
2. 能对不同型号的低压刀开关与断路器进行检修。

学习场地

供配电学习工作站。

学习时间

0.5课时。

教学过程

学员撰写项目学习总结，总结要素包括：学习态度、在本项目中承担的主要工作及完成情况、收获、改进方向。

项目学习总结

____

____

____

____

知识拓展

常见低压电器的区别：

1）脱扣器与继电器

两者的原理相同，都是通过线圈的通断电实现动作功能的。区别在于，脱扣器的输出信号为机械动作信号；继电器的动作信号为电气信号。简单来说，脱扣器通过动铁芯传动，实现开关跳闸或安全闭锁；继电器通过动铁芯传动，使继电器自带的触头分合状态发生变化。可以认为，继电器是由脱扣器和若干组继电器触头组成的。

2）断路器和隔离开关

两者都用于电路的通断控制。区别在于，断路器既可分断额定电流，也可分断短路电流；隔离开关只可分断空载电路，或通过配置灭弧附件分断额定电流。两者各有优势，断路器的电路保护功能完善，但一般不具有明显断开点，不能用于检修断口使用；隔离开关对电路基本没有保护功能，但具有明显断开点，主要作为检修断口使用。

3）断路器和熔断器

两者都用于对电路的保护。区别在于，断路器的保护功能更全面，且跳闸后可反复使用，但跳闸速度较慢，一般为几十 ms 级；熔断器只能使用一次，熔断后需更换，但其熔断速度非常快，一般为 μs 级。一般情况下，断路器作为主保护，熔断器作为后备保护；熔断器较便宜，也可用于经济水平较低场合的主保护。

4）断路器和接触器

两者都用于对电路的通断。区别在于，断路器用于对电路的不频繁通断；接触器用于对电路的频繁通断。并且，断路器对电路具有保护作用，而接触器没有此功能，其开断短路电流能力非常差，因为其分断速度很慢，一般为几百 ms 级。

5）空气开关

上述其他名词均为电气元件的规范名称，而空气开关不是，仅为俗称或通称。广义上说，采用空气作为隔弧、灭弧介质的开关均可称为空气开关。在这个意义上，低压空气断路器、压气负荷开关、隔离开关都可称为空气开关。狭义上讲，专指低压空气断路器。另外，国外所称 air circuit-breaker，专指低压框架式断路器。

知识链接

一、刀开关简介

刀开关又称闸刀开关或隔离开关，它是手控电器中最简单而使用又较广泛的一种低压电器，刀开关在电路中的作用是：隔离电源，以确保电路和设备维修的安全；分断负载，如不频繁地接通和分断容量不大的低压电路或直接启动小容量电机。刀开关是带有动触头一闸刀，并通过它与底座上的静触头一刀夹座相楔合（或分离），以接通（或分断）电路的一种开关。

刀开关主要由操纵手柄、触刀、触点插座和绝缘底板等构成，如图 2-2 所示。

图 2-2　HD13 型隔离开关

二、刀开关型号含义

刀开关型号含义如图 2-3 所示。

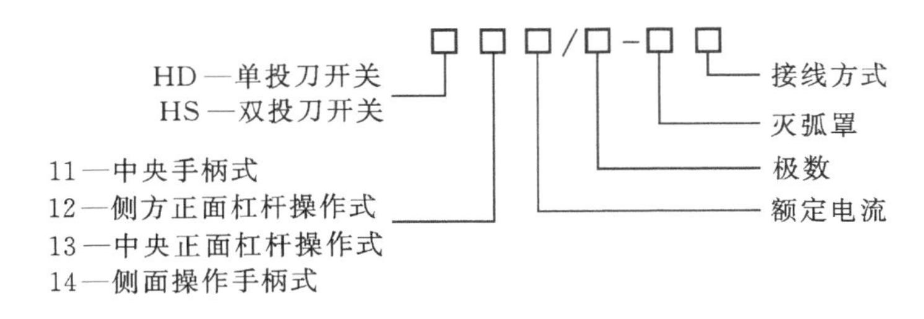

图 2-3　刀开关型号含义

三、DW15 系列万能式断路器简介

DW15 系列万能式断路器（以下简称断路器）适用于交流 50Hz、额定电流至 6300A，额定工作电压至 1140V（壳架等级额定电流 630A）或 380V（壳架等级额定电流

1600A 及以上）的配电网络中，用来分配电能和供电线路及电源设备的过载、欠电压、短路保护之用。壳架等级额定电流 630A 的断路器也能在交流 50Hz、380V 网络中供作电机的过载、欠电压的短路保护之用。

DW15 系列万能式断路器型号及含义和外形图如图 2-4、图 2-5 所示。

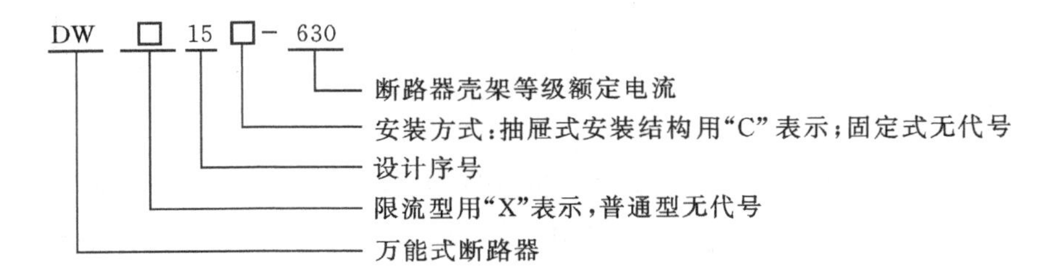

图 2-4　DW15 系列万能式断路器型号及含义

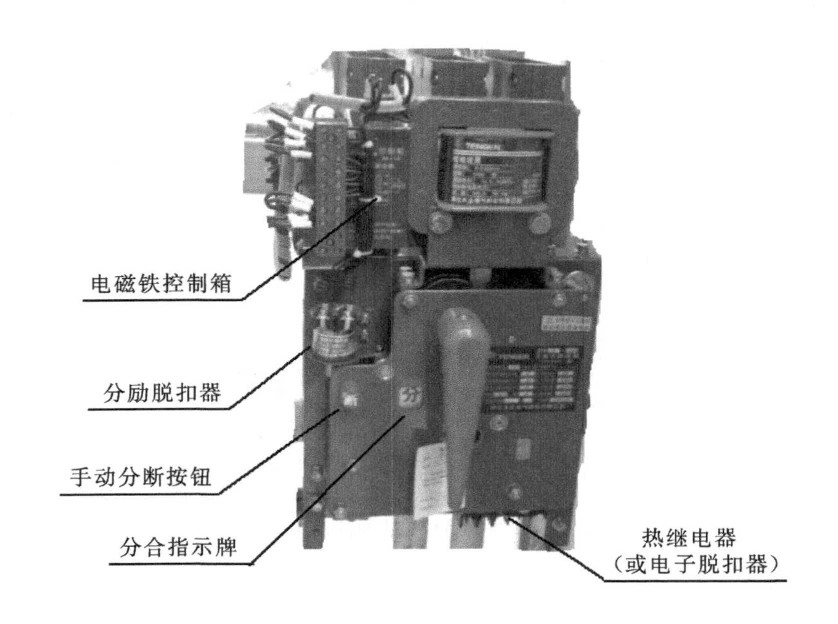

图 2-5　DW15 型低压万能断路器外形图

四、断路器的维护

（1）断路器在使用中发现欠电压脱扣器有特异噪声时，应检查衔铁与铁芯的闭合状况，将工作极面上的油污抹净。

（2）断路器在使用中各个转动部分应定期注入润滑油脂。

（3）断路器应定期维护，清刷灰尘，以保持断路器的绝缘水平。

（4）断路器的触头系统应定期检查，特别遇到分断短路电流后，在检查时必须注意到：断路器处于断开状态，进线电源必须切断。

（5）当断路器遇到短路电流后，除必须检查触头外，还要清理灭弧罩两壁烟痕，如灭弧栅片烧损严重，必须立即更换灭弧罩。

五、常见典型故障及排除方法

断路器常见典型故障、原因分析及处理方法，见表 2-10 所示。

表2-10　断路器常见故障、原因分析及处理方法

故障现象	原因分析	处理方法
手动操作断路器不能闭合	1. 欠电压脱扣器线圈无电压或线圈烧毁	检查线路应正确，可靠接通电源，更换烧坏的线圈
	2. 欠电压脱扣器衔铁与铁芯之间间隙过大，通电后不吸合	调节机构滑块上的调节螺钉，使间隙小于 1mm
电动操作断路器不能闭合	1. 熔断器烧毁 2. 控制线路接错 3. 电磁铁控制箱烧毁	更换熔断器 检查线路，纠正错误 更换控制箱
断路器闭合不到位	1. 灭弧罩安装不正与动触头卡碰 2. 机构滑块摩擦大	重新安装 加润滑油
分励脱扣器不能分闸	1. 线圈烧坏 2. 分励脱扣器衔铁卡死	更换线圈 调整衔铁使之动作灵活

六、继电保护装置的基本内容

1. 继电保护装置的任务。

供电系统在运行过程中，可能发生各种故障和不正常运行状态。最常见同时也是最严重的故障是发生各种形式的短路。在供电系统中，除应采取各项积极措施避免或减少发生故障的可能性以外，还必须快速而有选择性地将故障切除。

继电保护装置，是指能反应供电系统中电气设备发生故障或不正常运行状态，并动作于断路器跳闸或发出信号的一种自动装置，它通常是由互感器和一个或多个继电器组成的。

继电保护装置的基本任务是：

（1）自动、快速而有选择性地将故障设备或线路通过断路器从供电系统中切除，保证其他非故障部分迅速恢复正常运行。

（2）及时发现系统中不正常的运行状态，并给出信号，预告系统中出现不正常运行的设备，以便及时处理，保证安全可靠地供电。

2. 对继电保护装置的基本要求。

继电保护装置必须满足四个基本要求：选择性、速动性、灵敏性和可靠性。

3. 继电保护装置的基本原理。

一般情况下，发生短路之后，总会伴随着电流、电压及阻抗等物理量的变化，利用

正常运行与故障时这些物理量的区别，便可构成各种不同原理的继电保护。例如：利用被保护设备故障后电流的增大可构成过电流保护；利用电压的降低可构成低电压保护；利用测量阻抗的减小可构成距离保护等。

继电保护装置一般由测量部分、逻辑部分和执行部分组成，如图 2-6 所示。当输入的物理量发生突变时，经测量比较部分确定故障的类型和范围，再由逻辑部分判断跳开断路器的时间和个数，最后由执行部分发出相应脉冲信号，使断路器跳闸，切除短路故障。

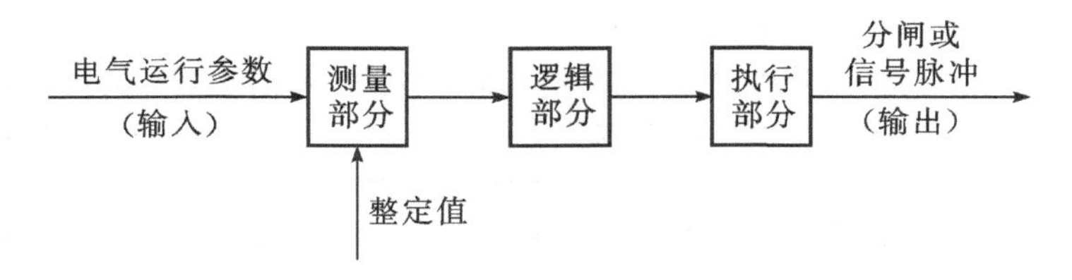

图 2-6 继电保护组成方框图

下面以图 2-7 所示的过电流保护来说明继电保护的基本工作原理，它由电流互感器 TA、过电流继电器 KA 和断路器 QF 跳闸回路等组成。

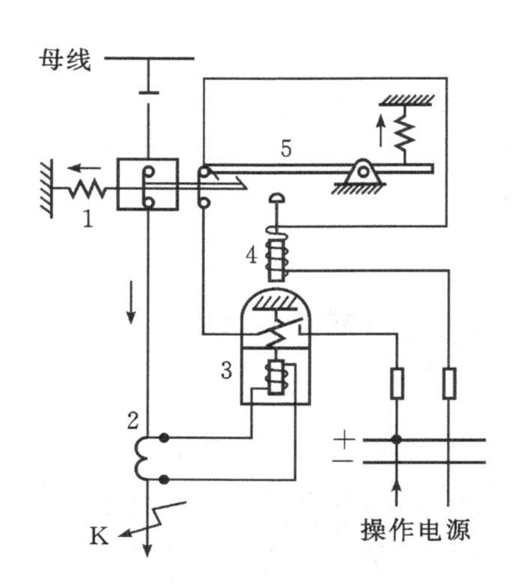

1—QF；2—TA；3—KA；4—QF 的分闸线圈；5—QF 的锁扣机构。

图 2-7 继电保护基本原理

正常运行时，线路只有负荷电流，变换到电流互感器 TA 二次侧的电流较小，过电流继电器 3 线圈产生的磁力不足以吸动继电器 3 的触点，继电器处于不动作状态，断路器 QF 跳闸线圈 4 的回路未接通。当线路 K 点发生短路故障时，线路的电流突然增大，电流互感器的二次电流也成正比上升，若此电流达到过电流继电器 3 的动作电流，继电器就吸合动作，使其动合触点闭合，接通断路器 QF 的跳闸线圈 4 的回路，使其动铁芯上移，撞开锁扣机构 5，于是断路器在跳闸弹簧的作用下迅速断开，将故障切除，从而完成保护任务。

4. 供配电系统常用的保护继电器。

继电器是一种自动电器，是组成继电保护装置的基本元件。继电器的分类方式很多，按其应用可分为控制继电器和保护继电器两大类。机床控制电路中应用的继电器属于控制继电器，供电系统中应用的继电器属于保护继电器。保护继电器又可以按下列方式进行分类：

（1）按其组成元件可分为机电型和晶体管型两大类。机电型按其结构原理又可分为电磁式和感应式等。由于机电型继电器具有简单可靠、便于维护等优点，故现在仍广泛地应用于我国工厂供电系统中。

（2）按反应的物理量可分为：电流继电器、电压继电器、功率继电器、瓦斯继电器和温度继电器等。

（3）按继电器在保护装置中的作用可分为：起动继电器、时间继电器、信号继电器、中间继电器和出口继电器等。

（4）按所反应的物理量的变化情况可分为：反应过量的继电器（如过电流、过电压继电器）和反应欠量的继电器（如欠电压继电器）。

任务二　低压柜停送电操作

任务单

低压柜是由一个或多个低压开关设备和与之相关的控制、测量、信号、保护、调节等设备，由制造厂家负责完成所有内部的电气和机械的连接，用结构部件完整地组装在一起的一种组合体。

某机械厂车间中一设备需要进行停电检修，请各小组根据低压柜停送电操作规范，完成低压柜停送电操作，找出故障原因并更换元器件，操作必须符合相关操作规范规定。

任务要求：

根据低压柜的设计要求与工作原理，完成低压柜的停送电操作，正确操作低压配电柜，确保低压配电柜和各设备控制柜的正常安全运行，操作必须符合相关操作规范规定。

学习目标

1. 熟悉低压柜进线结构与组成；
2. 能按规范进行低压柜的停电操作；
3. 能按规范进行低压柜的送电操作；

4. 能正确选用低压电气设备并按要求运行维护；
5. 能遵照供配电规范巡查低压柜；
6. 能与老师同学有效沟通，有团队合作精神，有良好的职业习惯；
7. 能按 7S 要求清理工作现场。

学习与工作内容

1. 阅读工作任务单，明确任务要求；
2. 学习计划的制订方法，制订任务二的学习计划；
3. 学习低压柜的基本常识；
4. 完成低压柜的停电操作；
5. 完成低压柜的送电操作；
6. 学会遵照供配电规范对低压柜进行巡查；
7. 填写工作页相关内容；
8. 按 7S 标准清理工作现场。

学习时间

6 课时。

学习地点

供配电学习工作站、多媒体教室。

教学资源

1.《供配电技术》学生学习工作页；
2.《工厂配电技术实训指导书》；
3.《变配电室值班电工》；
4. “供配电技术”教学演示文稿；
5. “供配电技术”教学微课。

教学活动一　明确任务

学习目标

能阅读工作任务单，明确任务要求。

学习场地

供配电学习工作站。

学习时间

0.5 课时。

教学过程

1. 认真阅读任务单，明确本任务学习目标与任务要求，填写任务要求明细表（表 2-11）。

表2-11　任务要求明细表

项目名称	
任务要求	
工作与学习内容	
完成时间	

2. 组长检查组内成员任务明细表填写情况并评分，成绩填入项目考核评分表内相应位置，满分 5 分。

教学活动二　制订计划

学习目标

1. 能根据任务要求制订工作计划（包括人员分工）；
2. 小组成员能团结协作，互帮互学，优化工作计划。

学习场地

供配电学习工作站。

学习时间

0.5 课时。

教学过程

1. 制订工作计划（表 2-12）。

表2-12　工作计划表

工作内容	时间安排（课时）	任务接受者
学习低压柜的基本常识		所有成员
学会低压柜的停电操作方法及其规范		
学会低压柜的送电操作方法及其规范		
学会遵照供配电规范对低压柜进行巡查		

2. 老师检查小组工作计划表填写情况并评分，成绩填入项目考核评分表相应位置，满分 5 分。

教学活动三　工作准备

学习目标

1. 熟悉低压柜的选择方法及运行维护要求；
2. 掌握低压柜的停电操作规范；
3. 掌握低压柜的送电操作规范；
4. 学习常见的故障及解决办法；
5. 学会遵照供配电规范对低压柜进行巡查。

学习场地

供配电学习工作站。

学习时间

2 课时。

教学过程

1. 课外自学任务二知识链接中低压柜操作的基本知识。

2. 课内（1.5 课时）。

通过课内知识学习，请回答以下问题：

（1）说说低压进线柜各设备的组成和功能。

（2）说说进线柜的操作流程。

（3）有功电度表和无功电度表是如何来计量的？

（4）说说 0.4kV 出线柜有哪些功能。

（5）叙述 0.4kV 出线柜的正确合、分闸过程。

3. 操作方案的讨论（0.5 课时）。

（1）小组根据操作规范与操作注意事项，制订操作方案，并讨论优化操作方案。

（2）各小组展示操作方案（每组发言时间不超出 2 分钟），对操作方案进行自评及互评，评价结果（取 6 个小组给出成绩的平均分）记录到附页项目考核表中对应栏目。

（3）各小组取长补短进一步优化操作方案。

（4）制订优化后的操作方案。

教学活动四　任务实施

学习目标

1. 能根据操作规范要求正确进行停送电操作；
2. 能根据故障现象分析常见故障原因；
3. 能进行简单的维修；
4. 能遵照供配电规范对低压柜进行巡查；
5. 能按 7S 管理规范整理工作现场。

学习场地

供配电学习工作站。

学习时间

2 课时。

教学过程

1. 正常停电操作（1 课时）。

（1）检查信号指示是否允许拉闸。

（2）确认所有负荷开关断开后，按开关分闸按钮，断开断路器。

（3）检查确认断路器在断开位置。

（4）切断断路器操作电源。

（5）经验电确认断路器输出没电后，挂上“已停电”警示牌。

（6）如检修必须装设接地线，检修后拆除接地线，确保安全。

2. 正常送电操作（1 课时）。

（1）所有负荷开关断开，确认开关至少有一个断点。

（2）电源开关在断开位置。

（3）送上操作回路电源，信号指示工作正常。

（4）合上电源开关合闸按钮。

（5）观察合闸后电压、电流变化情况，三相电压电流平衡。

3. 填写设备工作情况记录表（表 2-13）。

表2-13 设备工作情况记录表

工作方式	停电	送电
工作情况		

4. 如设备的工作情况不符合要求，请分析检查工作不正常的原因，排除故障并记录（表 2-14）。

表2-14 故障现象、原因分析及解决方法

故障现象	故障原因	解决方法

想一想，什么情况下需要进行停送电操作？是不是可以直接分合闸进行操作？在停送电过程中要注意哪些安全事项？如果你还不会，请跟我学！

5. 按 7S 管理规范整理工作现场。

教学活动五 检查控制，任务验收

学习目标

1. 能如实记录任务完成情况；
2. 能有效展示项目工作成果；
3. 能合理评价工作任务完成情况。

学习场地

供配电学习工作站。

学习时间

0.5 课时。

教学过程

1. 各小组成员自行检查任务完成情况。

各小组成员运行调试安装完成的控制电路，观察并记录控制电路的工作情况，完成相关项目的自我评分，自评成绩记入自查表及项目考核评分表（表 2-15、表 2-16）。

表2-15　安装、调试任务完成情况自查表

项目工作内容	完成情况	配分	自评分	备注
低压柜的停电操作				
低压柜的送电操作				
遵照供配电规范对低压柜进行巡查				
工作现场整理				该两项未完成或不规范扣职业素养分
工作页填写				

表2-16　项目考核评分表

序号	考核内容		考核要求	评分标准	配分	自我评价10%	小组互（自）评 40%	老师评价50%	综合成绩
1	职业素养	劳动纪律	按时上下课，遵守实训现场规章制度	上课迟到、早退、不服从指导老师管理，或不遵守实训现场规章制度扣 1 ～ 7 分	7				
		工作态度	认真完成学习任务，主动钻研专业技能，团队协作精神强	工作学习态度不端正，团队协作效果差扣 1 ～ 7 分	7				
		职业规范	遵守电工操作规程及规范、现场管理规定	不遵守电工操作规程及规范扣 1 ～ 6 分 不能按规定整理工作现场扣 1 ～ 3 分	6				
2	任务明细表的填写		明确工作任务	任务明细表填写有错扣 1 ～ 5 分	5				
3	工作、学习计划的制订		计划合理、可操作	计划制订不合理、可操作性差扣 1 ～ 5 分	5				

续表

<table>
<tr><th>序号</th><th colspan="2">考核内容</th><th>考核要求</th><th>评分标准</th><th>配分</th><th>自我评价10%</th><th>小组互（自）评40%</th><th>老师评价50%</th><th>综合成绩</th></tr>
<tr><td rowspan="2">4</td><td rowspan="2">知识技能准备</td><td>基本知识</td><td>按要求正确完成课堂问题</td><td>答题成绩 ×10%</td><td>10</td><td></td><td></td><td></td><td></td></tr>
<tr><td>基本技能</td><td>按要求完成刀开关与断路器的选择</td><td>每个设备型号分析错误扣 1 ～ 5 分</td><td>10</td><td></td><td></td><td></td><td></td></tr>
<tr><td rowspan="5">5</td><td rowspan="5">任务实施</td><td rowspan="3">施工方案设计</td><td rowspan="3">1. 施工方案正确合理
2. 符合安全操作规程
3. 正确使用安全工器具</td><td>方法不合理扣 1 ～ 12 分，酌情扣分</td><td>5</td><td></td><td></td><td></td><td></td></tr>
<tr><td>不符合安全操作规程每处扣 1 分</td><td>5</td><td></td><td></td><td></td><td></td></tr>
<tr><td>安全工器具使用错误每个扣 0.5 ～ 1 分</td><td>5</td><td></td><td></td><td></td><td></td></tr>
<tr><td>施工过程</td><td>根据施工方案进行施工作业</td><td>1. 损坏元件每件扣 5 分
2. 违反安全操作规程扣 3 ～ 5 分
3. 操作流程错误每处扣 5 分</td><td>7</td><td></td><td></td><td></td><td></td></tr>
<tr><td>工程验收</td><td>完成整个工程的施工、符合竣工验收标准</td><td>1. 工作终结流程错误每处扣 2 分
2. 检修过程不符合规定每处扣 2 分</td><td>10</td><td></td><td></td><td></td><td></td></tr>
<tr><td>6</td><td colspan="2">团队合作</td><td>小组成员互帮互学，相互协作</td><td>团队协作效果差扣 1 ～ 8 分</td><td>8</td><td></td><td></td><td></td><td></td></tr>
<tr><td>7</td><td colspan="2">创新能力</td><td>能独立思考，有分析解决实际问题能力</td><td>完成拓展学习任务得 10 分，部分完成酌情加分</td><td>10</td><td></td><td></td><td></td><td></td></tr>
<tr><td rowspan="2">备注</td><td colspan="3" rowspan="2"></td><td>合计</td><td>100</td><td></td><td></td><td></td><td></td></tr>
<tr><td>指导教师综合评价</td><td colspan="5">指导老师签名：　　　　年　　月　　日</td></tr>
</table>

2. 各小组长与指导老师一起验收6个小组的工作成果，记录小组任务完成的综合情况，并进行小组互评：

（1）个人任务实施项目分。根据个人任务完成情况按项目评分标准评分，取6个小组的平均分记入个人项目考核评分表“小组互评栏”。

（2）团队合作分。根据小组完成任务的综合情况评分（表2-17）。

表2-17　安装、调试任务小组完成情况评分表

项目工作内容	各小组完成情况						备注
	1组	2组	3组	4组	5组	6组	
低压柜的停电操作							
低压柜的送电操作							
遵照供配电规范对低压柜进行巡查							
工作现场整理							该两项未完成或不规范扣职业素养分
工作页填写							
团队合作成绩							

教学活动六　总结拓展

学习目标

1. 能客观分析完成任务过程中的收获与存在的问题，撰写项目学习总结；
2. 能进行各种不同型号的低压柜的操作。

学习场地

供配电学习工作站。

学习时间

0.5课时。

教学过程

1. 学员撰写项目学习总结，总结要素包括：学习态度、在本项目中承担的主要工作

及完成情况、收获、改进方向。

2. 拓展学习（课外完成）。

项目学习总结

____

____

____

____

开关设备的运行监护

（1）在使用的电源开关柜，值班电工应至少每隔 2 小时巡查一次，检查线电压、相电压的平衡情况和电流变化情况（相间电压的不平衡不得超过 ±5%，任何一相电流与三相平均值偏差不应大于平均值的 10%），若有异常，应及时报告有关人员并采取相应措施。

（2）巡查开关设备有无异常声响、异味，如爆鸣、焦臭等现象。

（3）巡查各种指示仪表、信号装置运行是否正常。

（4）开关设备的正常检查和检修。

①检查断路器、接触器的触头，修磨或更换烧损严重的触头。

②检查开关柜二次回路的接线是否牢固，继电保护装置运行是否正常，是否掉牌。

③检查操作机构的辅助开关接触是否可靠。

④检查分、合闸线圈有无发黑和发焦，电缆头、电缆有无发热。

⑤检查接地线是否有腐蚀、折断，接触是否良好。

⑥检查开关的操作机构分、合闸是否灵活。

（5）注意事项。

①值班操作电工必须是经特殊工种专业培训并取得合格证人员。

②从事电气操作及值班人员在上班前 4 小时及班中不准喝酒。

③对运行中保护跳闸的供电系统，一定要采取措施查清原因，排除故障后方可再次合闸，并作记录。

知识链接

一、低压柜认知

（一）0.4kV 低压进线柜的认知

0.4kV 低压进线柜一次元器件主要由低压刀开关、低压万能断路器、电流互感器组成，主要用于把电能馈送到成套开关设备中。

图 2-8 为进线柜的实物图，在进线柜的上面板上依次装有电流表，电压表，合、分闸按钮和指示灯，转换开关，下面板为刀开关的操作孔，在进线柜的内部，从上到下依次装有刀开关、万能式断路器和电流互感器，如图 2-9 所示。

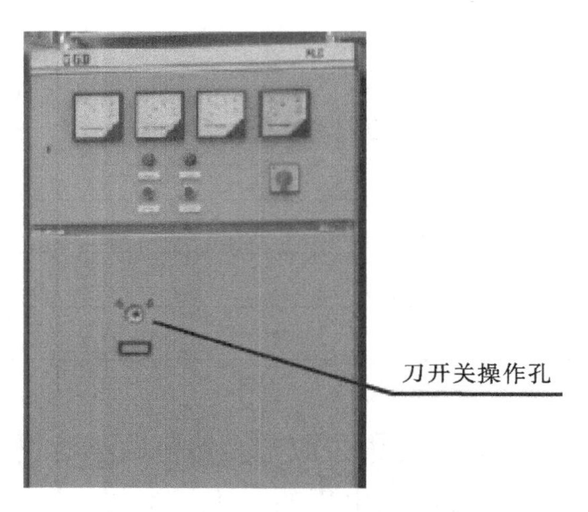

图 2-8　进线柜外部实物图

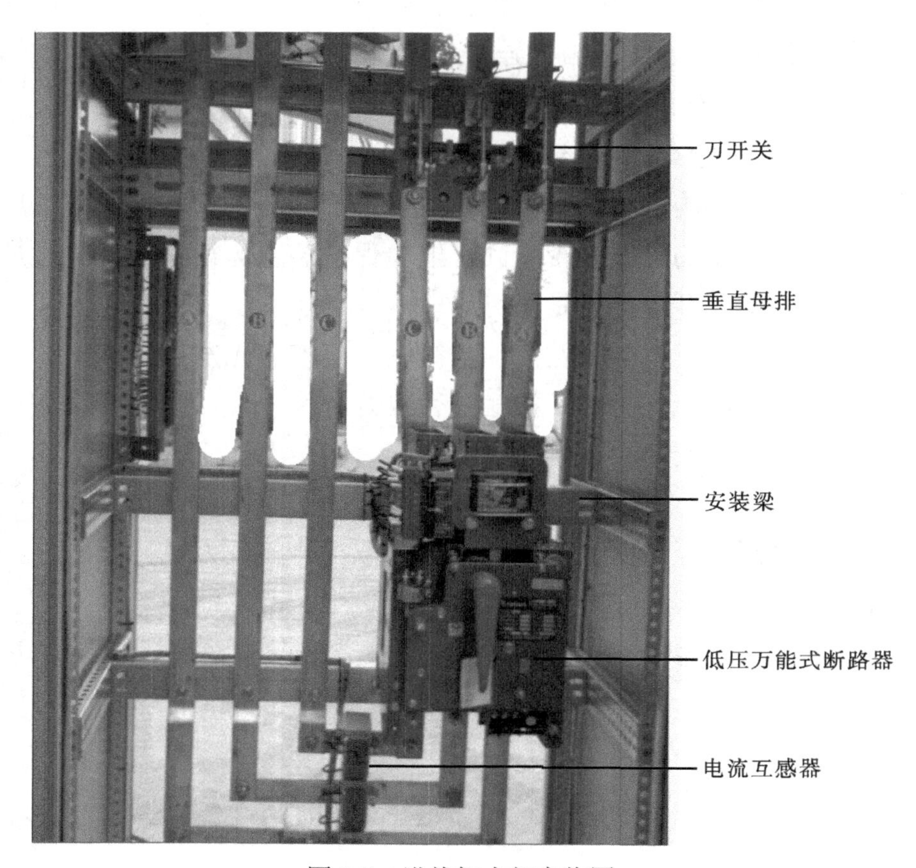

图 2-9　进线柜内部实物图

端子排：将屏内设备和屏外设备的线路相连接，起到信号（电流电压）传输作用。

安装梁：主要用于固定元器件的位置。

（二）0.4kV 低压计量柜的认知

0.4kV 低压计量柜采用三相四线制，其一次设备主要由电流互感器和电压互感器构成（图 2-10）。其二次设备由电流表、电压表、有功功率表、无功功率表、有功电能表、无功电能表等组成，用于对线路计量（图 2-11）。

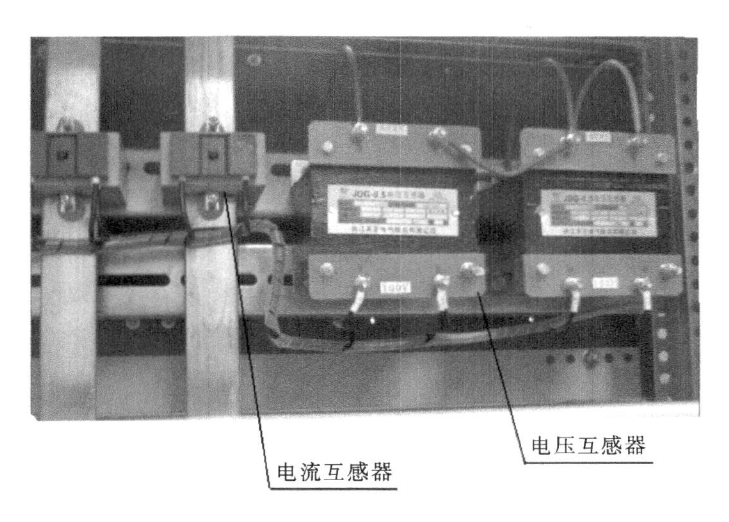

图 2-10　低压计量柜的一次设备

（1）电流互感器型号为 BH-0.66 100/5A 互感器，它主要适用于单根、多根电缆穿越或单根母排穿越，作为电流测量和电能计量使用。

（2）JDG-0.5 380V/100V 电压互感器为单相双线圈干式户内型产品，把一次侧 AC380V 降压到 AC100V。

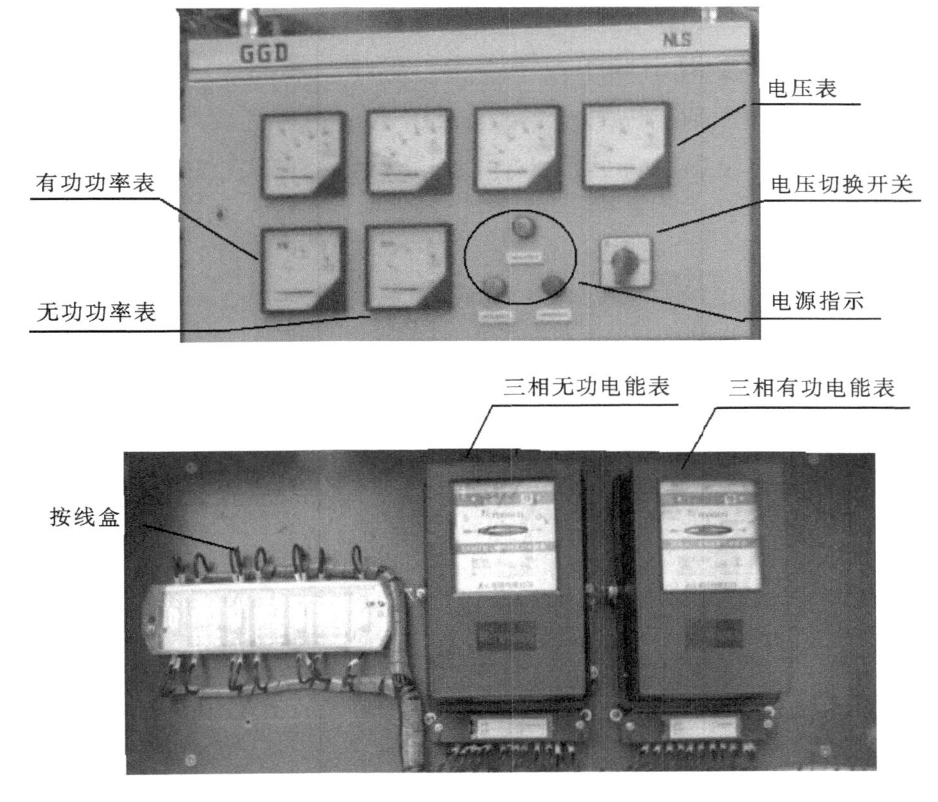

图 2-11　计量柜的二次设备

有功功率表：主要用来测量线路中的有功功率。

无功功率表：主要用来测量线路中的无功功率。

无功电能表：采用三相四线制，主要用来测量线路中的无功电能。

有功电能表：采用三相四线制，主要用来测量线路中的有功电能。

（三）0.4kV 低压出线柜的认知

0.4kV 低压出线柜采用三相四线制，其一次设备主要由低压刀开关、低压塑壳断路器、电流互感器组成。二次设备由电流表、回路指示灯等组成，主要用于控制线路的输配电。图 2-12 为出线柜的实物图，图 2-13 为出线柜柜内一次设备图。

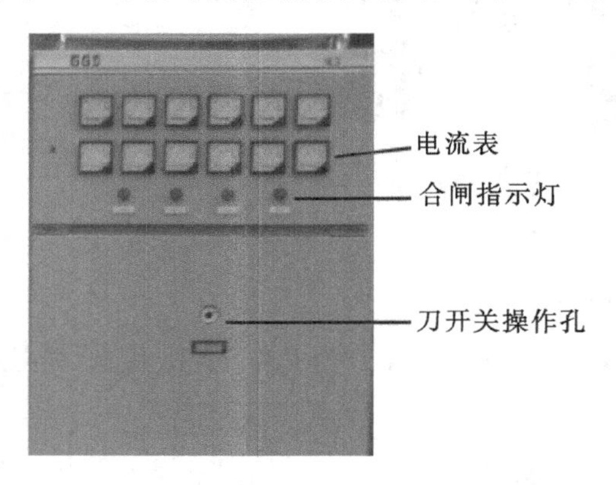

图 2-12　出线柜外部实物图

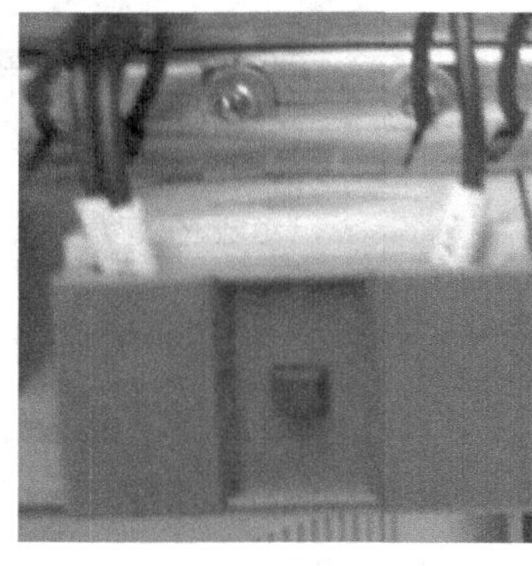

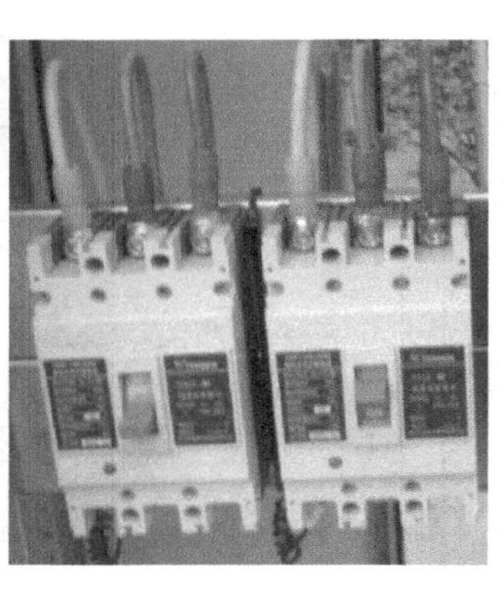

图 2-13　出线柜柜内一次设备图

（四）0.4kV 低压补偿柜的认知

低压补偿柜一次设备主要由低压刀熔开关、电流互感器、微型断路器、接触器、热继电器、电抗器、电容器等组成。主要用来提高低压电网和用电设备的功率因数，降低能耗，改善电网电压质量，稳定设备运行。图 2-14 为补偿柜的外部实物图，图 2-15 为补偿柜内部实物图。

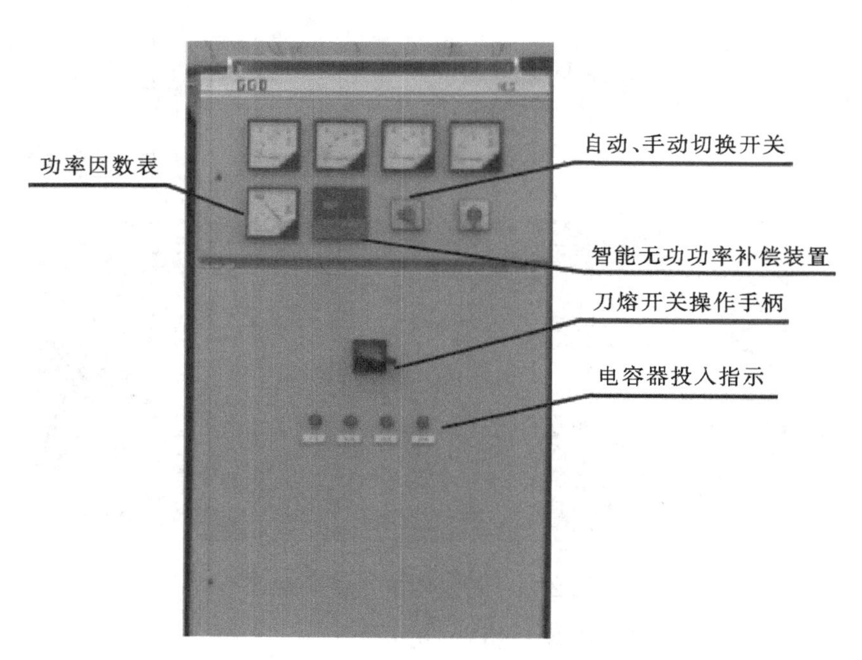

图 2-14　补偿柜外部实物图

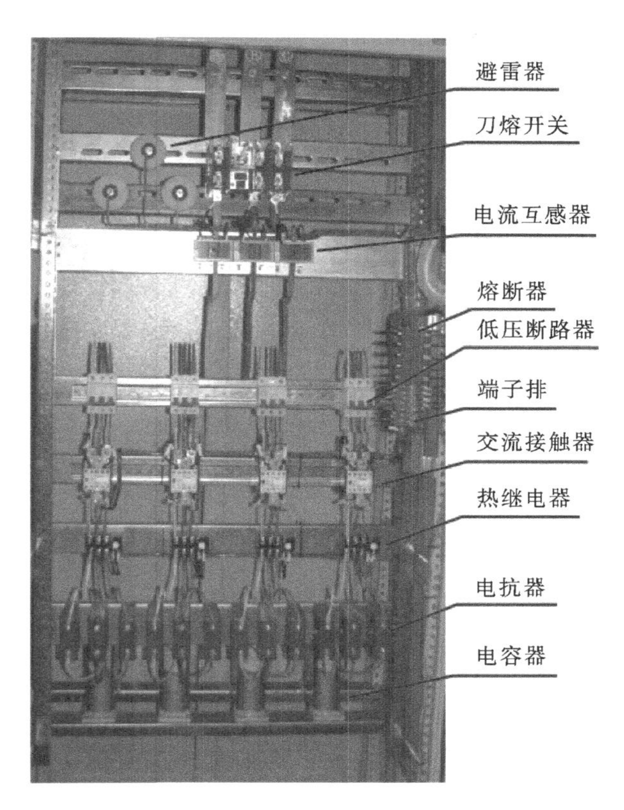

图 2-15　补偿柜内部实物图

二、继电保护装置的接线方式和操作电源

（一）继电保护装置常用的几种接线方式

继电保护装置的接线方式是指电流继电器与电流互感器二次线圈之间的连接方式。过流保护主要反应相间短路。在 6 ～ 10kV 高压线路的过流保护装置中，通常采用的接线方式有两相两继电器式接线和两相一继电器式接线。

1. 两相两继电器式接线。

图 2-16 所示为两相两继电器式接线，它仅在两相（如 A、C 相）上装有电流互感器及继电器，连接成不完全星形，另外一相（如 B 相）不装设。

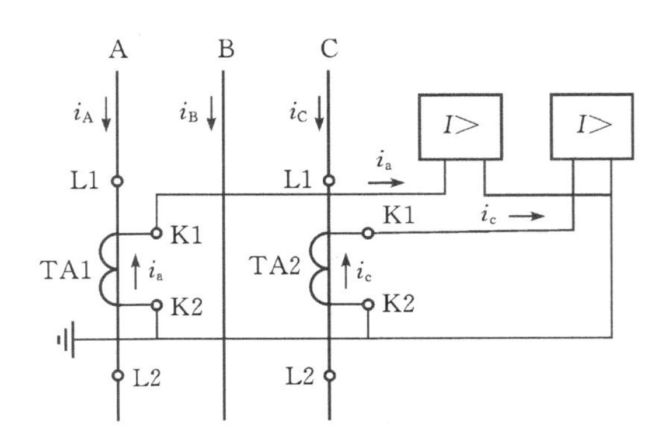

图 2-16　两相两继电器式接线

流过继电器线圈的电流 I_{KA} 与流过电流互感器的二次电流 I_2 之比，称为接线系数，用 K_W 表示，即 $K_W = I_{KA}/I_2$。

在两相两继电器式接线方式下，接线系数 $K_W = 1$，这表明：它不仅能反应各种类型的相间短路，而且灵敏度相同。并且这种接线方式使用设备较少，接线简单，故在 60kV 及以下的中性点不接地系统（小接地电流系统）中得到了广泛的应用。

2. 两相一继电器式接线。

图 2-17 所示为两相一继电器式接线，它采用两只电流互感器和一只接在两相电流差上的继电器构成。在两相一继电器式接线中，通过继电器的电流 I_{KA} 等于互感器二次侧两相电流之差，即 $I_{KA} = I_a - I_c$，所以又称两相电流差式接线。图 2-18 所示为两相一继电器式接线在不同短路形式下的电流相量图。

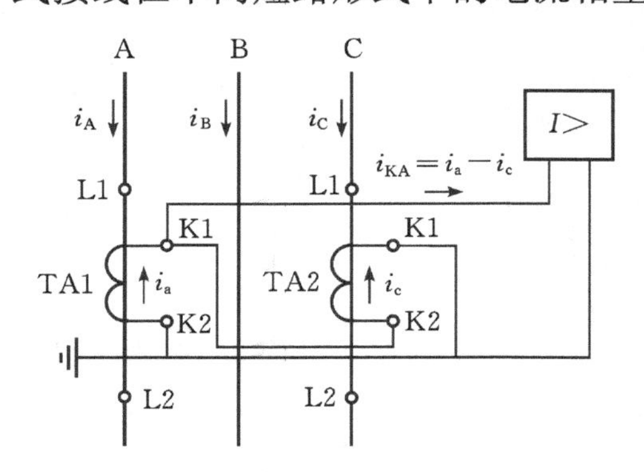

图 2-17　两相一继电器式接线图

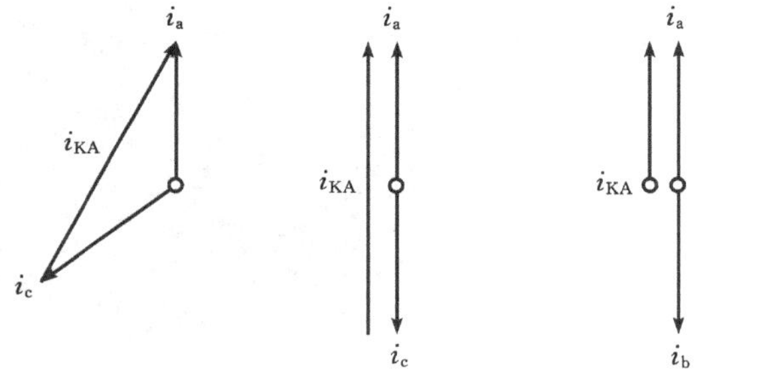

(a)三相短路　(b)A、C 两相短路　(c)A、B 两相短路

图 2-18　两相一继电器式接线在不同短路形式下的电流相量图

从图中可见，当三相短路时，$I_{KA} = 3I_a = 3I_c$，接线系数 $K_W = 3$，如图 2-18（a）所示；A、C 两相短路时，$I_{KA} = 2I_a = 2I_c$，$K_W = 2$，如图 2-18（b）所示；A、B 或 B、C 两相短路时，$I_{KA} = I_a$ 或 $I_{KA} = I_c$，$K_W = 1$，如图 2-18（c）所示；当未接电流互感器的一相发生单相接地时，继电器中不反应故障电流，保护装置不动作；对于 Y / △ 连接的变压器，若在 Y 侧 A、C 两相装设电流互感器，而△侧 A、B 两相发生短路时，Y 侧的 A、C 两相绕组中流过的短路电流大小相等，方向相同，于是流过继电器的电流 $I_{KA} = 0$，保护装置不动作。

从上分析可见，两相一继电器式接线只能用来保护线路相间短路，不能保护所有单相接地短路和 Y / △连接的变压器，且反应各种故障的灵敏度是不同的，因此主要用于在 10kV 以下的线路作相间短路保护和保护电机。

（二）继电保护装置的操作电源

继电保护装置的操作电源是指供电给继电保护装置及其所作用的断路器操作机构的电源。对操作电源的要求是，操作电源的电压应不受供电系统事故和运行方式变化的影响，在供电系统发生故障时，它能保证继电保护装置和断路器可靠地动作，并且有足够的容量保证断路器跳闸、合闸。

操作电源按性质分为交流操作电源和直流操作电源。

1. 交流操作电源。

交流操作电源具有安装简单、投资少、易于维护和动作可靠的优点。一般的中小型企业，其断路器多采用手动操作机构，故广泛采用交流操作电源。交流操作电源可取自电压互感器或电流互感器，但短路保护的操作电源不能取自电压互感器。

下面介绍两种常用的交流操作方式：

1）直接动作式

由高压断路器的过电流脱扣器和电流互感器构成，如图 2-19 所示，可接成两相一继电器式或两相两继电器式。其工作原理为：当一次系统发生故障时，电流互感器的二次侧将输出大于断路器过电流脱扣器的动作电流，脱扣器线圈 YR 起动，断路器跳闸，切除故障；系统正常时，流过互感器的电流小于脱扣器的动作电流，不动作。

这种方法虽然接线简单、经济，但保护的灵敏度差，实际已很少采用。

2）去分流跳闸式

为一种间接动作式，即利用中间电流继电器 KA 的桥型触点进行控制，作用于电流脱扣器 YR，如图 2-20 所示。动作原理为：当一次系统正常时，电流脱扣器被电流继电器（GL 型电流继电器）的动断触点短接，脱扣器线圈 YR 不通电；当一次系统发生相间短路故障时，中间继电器动作，其动断触点断开，将电流脱扣器 YR 接通（去分流），作用于跳闸，切除故障。

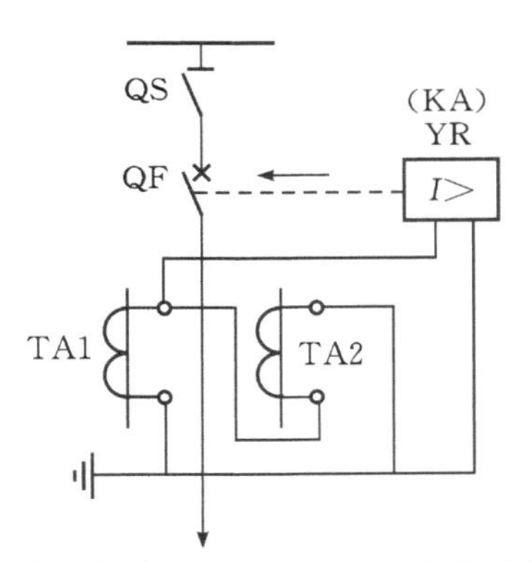

QF—高压断路器；TA1、TA2—电流互感器；
YR—断路器跳闸线圈(直动式继电器 KA)。

图 2-19　直接动作式过电流保护电路

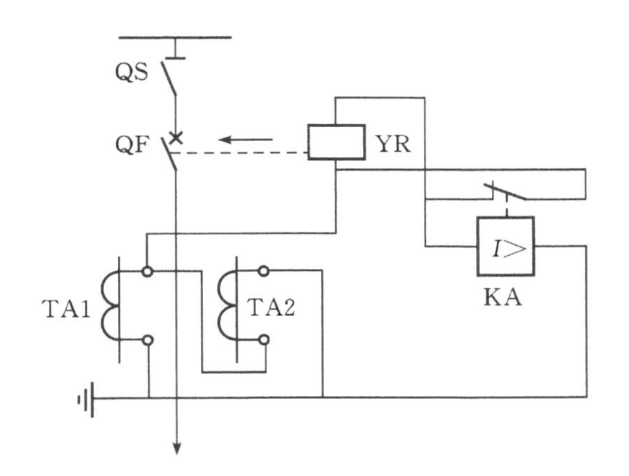

QF—高压断路器；TA1、TA2—电流互感器；
KA—GL 型电流继电器；YR—断路器跳闸线圈。

图 2-20　利用电流继电器的动断触点“去分流跳闸”的过电流保护电路

现在使用的 GL 型电流继电器，其触点的短时分断电流可达 150A，完全能满足去分流的要求，而且该种方式具有接线简单，灵敏度高的特点，所以被企业供配电系统广泛采用。

2. 直流操作电源。

交流电源虽然接线简单，经济方便，但可靠性不高，所以在大中型企业变配电所中，广泛采用性能更好的直流操作电源。直流操作电源分为：电容储能的晶闸管整流、带镉镍电池组直流电源等。

1）电容储能的晶闸管整流直流电源

如图 2-21 所示。系统正常运行时，操作电源由所用变压器经三相桥式晶闸管整流器Ⅰ供给合闸电源，由整流器Ⅱ供给控制电源。当系统故障时，所用变压器电压大幅度下降，造成断路器拒跳，这时就利用 500 V 电容器组 C1、C2 储藏的能量放电来保证断路器跳闸。V1、V2 是用来防止两组电容器同时向一个保护电路放电的，V3 则是用来防止在断路器合闸时控制电源侧向合闸电源侧供电，保证分闸操作。

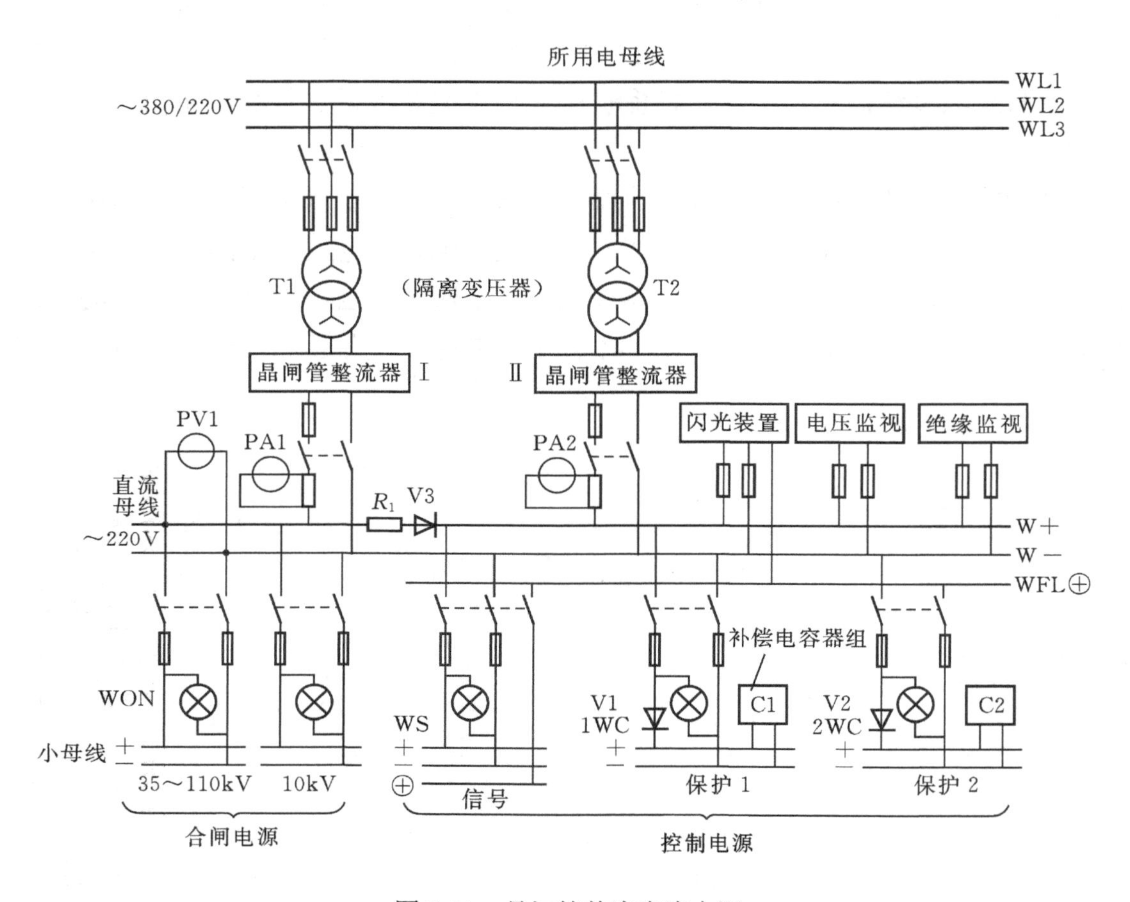

图 2-21　晶闸管整流直流电源

2）带镉镍电池组直流电源

带镉镍电池组是由氢氧化镍作正极、氢氧化镉作负极，氢氧化钾或氢氧化钠作电解液的一种蓄电池。具有内阻小，电能损失小，瞬时放电倍率高，寿命长和体积小等优点，在电厂和大型企业的变配电所中得到广泛的使用。

任务三 三相智能电表抄表

任务单

三相智能电表集计量、监控、报警、显示、谐波测量、冻结、通信功能于一身，能计量组合有功、正反向有功、组合无功等；能计量四象限无功总最大需量及分时最大需量，以及最大需量发生的日期和时间；能测量各相电压、电流、功率因数、有功功率、无功功率、视在功率及三相总有功功率、总无功功率、总视在功率、总功率因数和频率等；能检测并记录各相失压、失流、断相、反向、过载、过流、过压、欠压、断流、逆相序等事件；能检测备用电池电压和监测负荷情况；能实现远程和红外抄表，是实现配电管理现代化的重要组成部分，也是电力负荷管理系统的配套终端产品，与电力负荷管理主站配合可实现负荷的监测，是电力营销自动化系统中具有较高的实用价值的终端产品，而且具备多种扩展功能。适用于各电厂、变电站、计量关口和企事业单位。

某机械厂需要更换原有的传统电表为智能电表，请各小组根据工厂停送电操作规范，完成停送电操作，并根据规范更换电表，操作必须符合相关操作规范规定。

任务要求：

根据智能电表的设计要求与工作原理，完成三相智能电表的安装与调试，正确进行停送电操作，确保低压配电柜和各设备控制柜的正常安全运行，操作必须符合相关操作规范规定。

学习目标

1. 能说明三相智能电表的结构与组成；
2. 能说明三相智能电表的操作方法及其规范；
3. 能按要求完成三相智能电表的抄表任务；
4. 能正确选用三相智能电表，能按要求对智能电表进行运行与维护；
5. 能遵照供配电规范对三相智能电表进行巡查；
6. 能与老师同学有效沟通，有团队合作精神，有良好的职业习惯；
7. 能按 7S 要求清理工作现场。

学习与工作内容

1. 阅读工作任务单，明确任务要求；
2. 学习计划的制订方法，制订任务三的学习计划；
3. 学习三相智能电表的基本常识；
4. 完成停电操作；
5. 完成三相智能电表的更换与调试；
6. 完成送电操作；
7. 学会遵照供配电规范对三相智能电表进行巡查；
8. 填写工作页相关内容；
9. 按 7S 标准清理工作现场。

学习时间

6 课时。

学习地点

供配电学习工作站、多媒体教室。

教学资源

1.《供配电技术》学生学习工作页；
2.《工厂配电技术实训指导书》；
3.《变配电室值班电工》；
4.“供配电技术”教学演示文稿；
5.“供配电技术”教学微课。

教学活动一　明确任务

学习目标

能阅读工作任务单，明确任务要求。

学习场地

供配电学习工作站。

学习时间

0.5 课时。

教学过程

1. 认真阅读任务单，明确本任务学习目标与任务要求，填写任务要求明细表（表2-18）。

表2-18　任务要求明细表

项目名称	
任务要求	
工作与学习内容	
完成时间	

2. 组长检查组内成员任务明细表填写情况并评分，成绩填入项目考核评分表内相应位置，满分 5 分。

教学活动二　制订计划

学习目标

1. 能根据任务要求制订工作计划（包括人员分工）；
2. 小组成员能团结协作，互帮互学，优化工作计划。

学习场地

供配电学习工作站。

学习时间

0.5 课时。

教学过程

1. 制订工作计划（表 2-19）。

表2-19　工作计划表

工作内容	时间安排（课时）	任务接受者
学习三相智能电表的基本常识		所有成员
学会三相智能电表的操作方法及其规范		
学会遵照供配电规范对三相智能电表进行巡查		

2. 老师检查小组工作计划表填写情况并评分，成绩填入项目考核评分表相应位置，满分 5 分。

教学活动三　工作准备

学习目标

1. 熟悉三相智能电表的选择方法及运行维护要求；
2. 掌握三相智能电表的操作规范；
3. 掌握三相智能电表的基本调试方法；
4. 学习常见的故障及解决办法；
5. 学会遵照供配电规范对三相智能电表进行巡查。

学习场地

供配电学习工作站。

学习时间

2 课时。

教学过程

1. 课外自学任务三知识链接中三相智能电表的基本知识。

2. 课内（1.5 课时）。

通过课内知识学习，请回答以下问题：

（1）说说三相智能电表的组成和功能。

（2）说说三相智能电表的工作原理。

（3）说说有功功率和无功功率的区别。

（4）说说三相智能电表的常见故障及排除方法。

（5）叙述三相智能电表的抄表流程。

3. 操作方案的讨论（0.5 课时）。

（1）小组根据操作规范与操作注意事项，制订操作方案，并讨论优化操作方案。

（2）各小组展示操作方案（每组发言时间不超出 2 分钟），对操作方案进行自评及互评，评价结果（取 6 个小组给出成绩的平均分）记录到附页项目考核表中对应栏目。

（3）各小组取长补短进一步优化操作方案。

（4）制订优化后的操作方案。

教学活动四　任务实施

学习目标

1. 能根据操作规范要求正确进行三相智能电表操作；
2. 能根据故障现象分析常见故障原因；
3. 能进行简单的维修；
4. 能遵照供配电规范对三相智能电表进行巡查；
5. 能按 7S 管理规范整理工作现场。

学习场地

供配电学习工作站。

学习时间

2 课时。

教学过程

实施操作方案（2 课时）

1. 进场：穿工作服、棉布鞋、戴安全帽、领“在此工作”牌、验电笔、抹布。准备好后，口头汇报“报告老师，×××，三相电能表抄读准备完毕，请指示”。

2. 老师许可后领取模拟抄表卡、电能计量装置现场抄表检查项目卡、客户电量异常情况处理单等相关资料，给定的条件已经贴在装置上。

3. 建卡，录入指定计量屏相关信息。

模拟抄表卡见表 2-20 所示。考评员在“客户用电、计量装置基本信息及历史电量信息卡”中提供客户用电的一些基本信息，学员在模拟表卡中对应位置按任务书给定条件填写好客户基本信息（未提供的基本信息用“××”代替），不错填、漏填。

注：需根据给定条件，计算出倍率并填表。

4. 核对计量装置基础信息。

现场核对电能表、互感器相关铭牌参数，将核对过程记录在“现场抄表检查项目卡”中。如与现场不符应在“异常情况处理单”注明表计铭牌是否清晰完整（名称、型号、出厂编号、电流电压规格、准确度等级），现场与抄表卡是否正确。

5. 检查电能计量装置是否完好。

检查电能计量装置的完好情况，如装置存在封印缺失、表计有效期不符等异常，应联系计量管理人员（以记录在“现场抄表检查项目卡”中替代），同时将问题填写在“异常情况处理单”中。

6. 抄读电能表指定电量信息。

指定抄录对象及抄录范围：正向有功峰、谷、总电量；反向有功峰、谷、总电量；正、反向无功总电量（这两项子表不抄录）。

在指定范围内，现场抄录电能表止码，并计算实用总电量，如用户电量异常波动时应向用户询问并注明（以记录在“现场抄表检查项目卡”中替代），同时在“异常情况处理单”上填报。

表2-20　模拟抄表卡

<table>
<tr><th colspan="10">模拟抄表卡</th></tr>
<tr><td colspan="2">户名</td><td colspan="4"></td><td colspan="2">用电地址</td><td colspan="2"></td></tr>
<tr><td colspan="2">客户编号</td><td colspan="4"></td><td colspan="2">联系电话</td><td colspan="2"></td></tr>
<tr><td colspan="2" rowspan="2">互感器</td><td colspan="2">电流互感器变比</td><td></td><td colspan="3">台区编号</td><td colspan="2"></td></tr>
<tr><td colspan="2">电压互感器变比</td><td></td><td colspan="3">安装杆号（表位）</td><td colspan="2"></td></tr>
<tr><td colspan="2" rowspan="8">表计参数</td><td colspan="2" rowspan="4">有功电能表</td><td>生产厂家</td><td colspan="5"></td></tr>
<tr><td>型号规格</td><td colspan="5"></td></tr>
<tr><td>常　数</td><td colspan="5"></td></tr>
<tr><td>编　号</td><td colspan="5"></td></tr>
<tr><td colspan="2" rowspan="4">无功电能表</td><td>生产厂家</td><td colspan="5"></td></tr>
<tr><td>型号规格</td><td colspan="5"></td></tr>
<tr><td>常　数</td><td colspan="5"></td></tr>
<tr><td>编　号</td><td colspan="5"></td></tr>
<tr><td>年</td><td>月</td><td>日</td><td>抄见表字</td><td>计费电度</td><td>单价</td><td>应收电费</td><td>审核表</td><td>票号</td><td>备注</td></tr>
<tr><td></td><td>1</td><td></td><td></td><td></td><td></td><td></td><td></td><td></td><td></td></tr>
<tr><td></td><td>2</td><td></td><td></td><td></td><td></td><td></td><td></td><td></td><td></td></tr>
<tr><td></td><td>3</td><td></td><td></td><td></td><td></td><td></td><td></td><td></td><td></td></tr>
<tr><td></td><td>4</td><td></td><td></td><td></td><td></td><td></td><td></td><td></td><td></td></tr>
<tr><td></td><td>5</td><td></td><td></td><td></td><td></td><td></td><td></td><td></td><td></td></tr>
<tr><td></td><td>6</td><td></td><td></td><td></td><td></td><td></td><td></td><td></td><td></td></tr>
<tr><td colspan="3">合　计</td><td></td><td></td><td></td><td></td><td></td><td></td><td></td></tr>
</table>

7. 对电子式多功能电能表和智能电表界面运行信息进行判读，读取多功能电子式电能表和智能电表的实时电流、电压、功率因数、核对电能表内部时钟。

8. 填写现场抄表检查项目卡和电量异常情况处理单。

将前面工作中的检查项目和异常情况汇总填写在相应表格中。

9. 工作终结。

操作完毕后收拾工具、材料并清理工作场地，口头提出工作终结申请。

10. 如设备的工作情况不符合要求，请分析检查工作不正常的原因，排除故障并作好记录（表 2-21）。

表2-21　故障现象、原因分析及解决方法

故障现象	故障原因	解决方法

想一想，什么情况下需要进行停送电操作？是不是可以直接分合闸进行操作？在停送电过程中要注意哪些安全事项？如果你还不会，请跟我学！

11. 按 7S 管理规范整理工作现场。

教学活动五　检查控制，任务验收

学习目标

1. 能如实记录任务完成情况；
2. 能有效展示项目工作成果；
3. 能合理评价工作任务完成情况。

学习场地

供配电学习工作站。

学习时间

0.5 课时。

教学过程

1. 各小组成员自行检查任务完成情况。

各小组成员运行调试安装完成的控制电路，观察记录控制电路的工作情况，并完成相关项目的自我评分，自评成绩记入自查表及项目考核评分表（表 2-22、表 2-23）。

表2-22 安装、调试任务完成情况自查表

项目工作内容	完成情况	配分	自评分	备注
三相智能电表的操作				
三相智能电表的故障检修				
工作现场整理				这两项未完成或不规范扣职业素养分
工作页填写				

表2-23 项目考核评分表

序号	考核内容		考核要求	评分标准	配分	自我评价10%	小组互（自）评40%	老师评价50%	综合成绩
1	职业素养	劳动纪律	按时上下课，遵守实训现场规章制度	上课迟到、早退、不服从指导老师管理，或不遵守实训现场规章制度扣1～7分	7				
		工作态度	认真完成学习任务，主动钻研专业技能，团队协作精神强	工作学习态度不端正，团队协作效果差扣1～7分	7				
		职业规范	遵守电工操作规程、规范及现场管理规定	1. 不遵守电工操作规程及规范扣1～6分 2. 不能按规定整理工作现场扣1～3分	6				
2	任务明细表填写		明确工作任务	任务明细表填写有错扣1～5分	5				
3	工作、学习计划制订		计划合理、可操作	计划制订不合理、可操作性差扣1～5分	5				

续表

序号	考核内容		考核要求	评分标准	配分	自我评价10%	小组互（自）评40%	老师评价50%	综合成绩
4	知识技能准备	基本知识	按要求正确完成课堂问题	答题成绩 ×10%	10				
		基本技能	按要求完成刀开关与断路器的选择	每个设备型号分析错误扣1～5分	10				
5	任务实施	施工方案设计	1. 施工方案正确合理 2. 符合安全操作规程 3. 正确使用安全工器具	方法不合理扣1～12分，酌情扣分	5				
				不符合安全操作规程每处扣1分	5				
				安全工器具使用错误每个扣0.5～1分	5				
		施工过程	根据施工方案进行施工作业	1. 损坏元件每件扣5分 2. 违反安全操作规程扣3～5分 3. 操作流程错误每处扣5分	7				
		工程验收	完成整个工程的施工、符合竣工验收标准	1. 工作终结流程错误每处扣2分 2. 检修过程不符合规定每处扣2分	10				
6	团队合作		小组成员互帮互学，相互协作	团队协作效果差扣1～8分	8				
7	创新能力		能独立思考，有分析解决实际问题能力	完成拓展学习任务得10分，部分完成酌情加分	10				
备注				合计	100				
				指导教师综合评价	指导老师签名：　　　年　月　日				

2. 各小组长与指导老师一起验收6个小组的工作成果，记录小组任务完成的综合情况，并进行小组互评：

（1）个人任务实施项目分。根据个人任务完成情况按项目评分标准评分，取6个小组的平均分记入个人项目考核评分表“小组互评栏”。

（2）团队合作分。根据小组完成任务的综合情况评分（表2-24）。

表2-24 安装、调试任务小组完成情况记录表

项目工作内容	各小组完成情况						备注
	1组	2组	3组	4组	5组	6组	
三相智能电表的操作							
三相智能电表的故障检修							
工作现场整理							该两项未完成或不规范扣职业素养分
工作页填写							
团队合作成绩							

教学活动六 总结拓展

学习目标

1. 能客观分析完成任务过程中的收获与存在的问题，撰写项目学习总结；
2. 能进行各种不同型号的智能电表的操作。

学习场地

供配电学习工作站。

学习时间

0.5 课时。

教学过程

1. 学员撰写项目学习总结，总结要素包括：学习态度、在本项目中承担的主要工作及完成情况、收获、改进方向。

项目学习总结

____

____

____

____

____

____

2. 拓展学习（课外完成）。

智能电表由电流互感器、集成计量芯片、微控制器、温补实时时钟、数据接口设备和人机接口设备组成。集成计量芯片将来自电压分压、电流互感器的模拟信号转换为数字信号，并对其进行数字积分运算，从而精确地获得有功电能和无功电能。微控制器依据相应费率和需量等要求对数据进行处理，其结果保存在数据存储器中，并随时向外部接口提供信息和进行数据交换，其原理框图如图 2-22 所示。

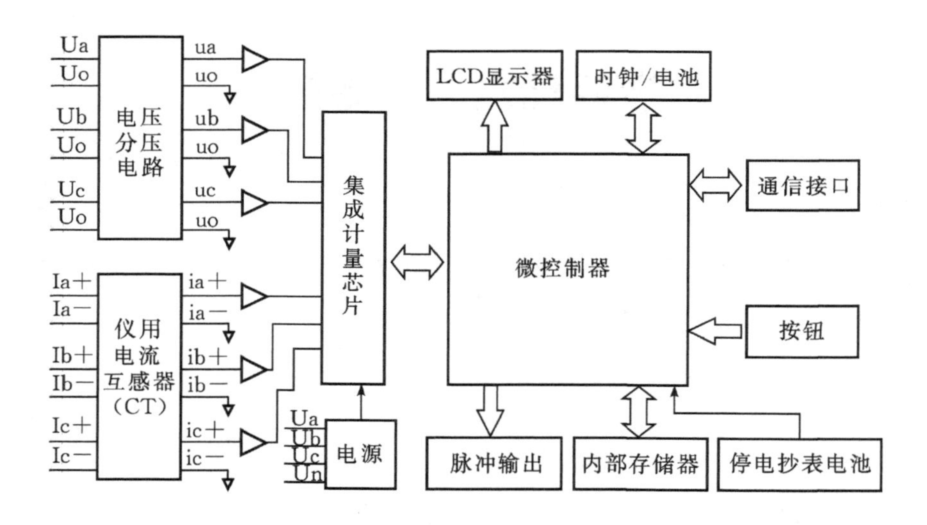

图 2-22　工作原理简述（以三相四线表为例）

主端子接线图如图 2-23 所示。

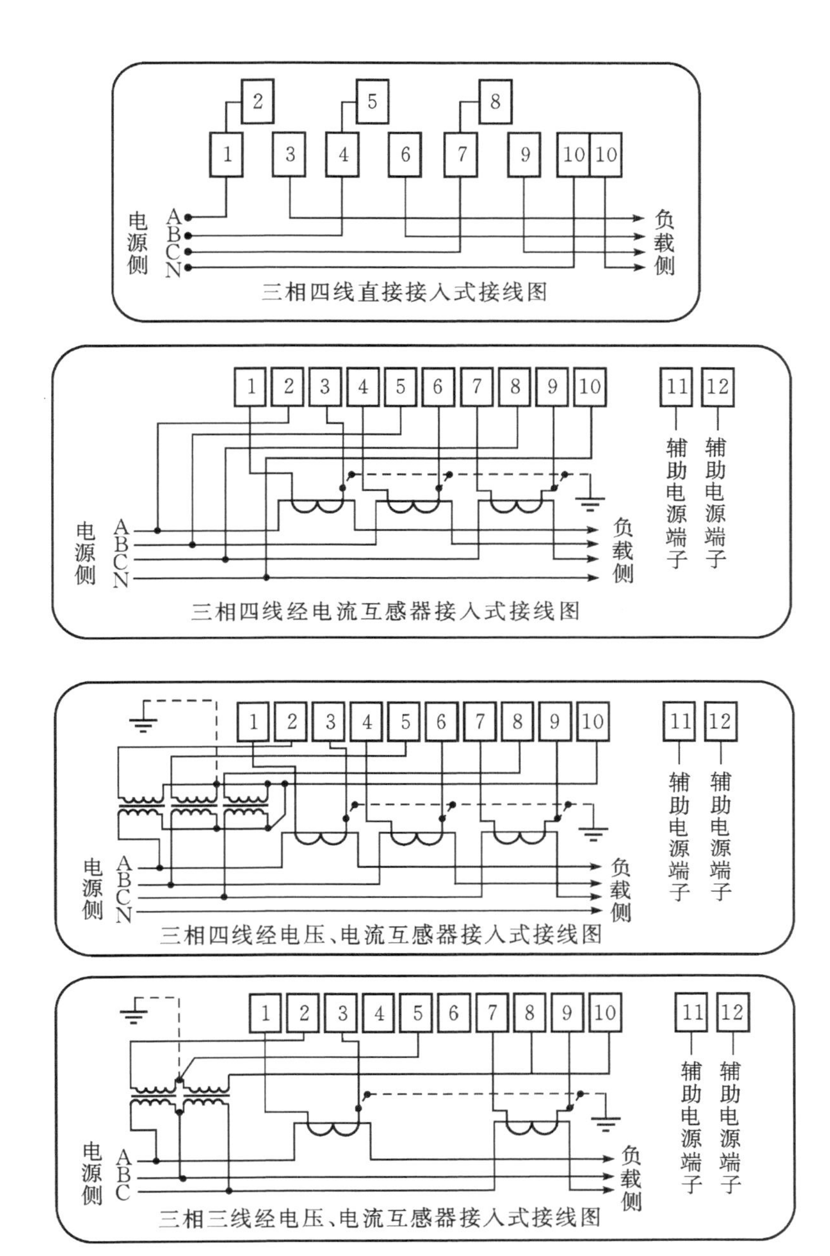

图 2-23 智能电表接线图

知识链接

一、供配电线路的继电保护

（一）供配电线路保护的设置

工业企业供配电网络由于其供电电压不是很高，供电线路也不是很长，大多数在 6 ~ 10kV，属于小接地电流系统。对于这样的系统，当线路发生相间短路时，线路中的电流突然增大，电压突然降低，根据这一特点，可设置如下常用的相间短路继电保护。

1. 过电流保护。

按动作的时限特性分定时限过电流保护和反时限过电流保护。定时限过电流保护是在线路发生故障时，不管故障电流超过整定值多少，其动作时限总是一定的；反时限过电流保护是动作时限与故障电流值成反比，故障电流越大，动作时限越短，故障电流越小，动作时限越长。

2. 电流速断保护。

电流速断保护是指过电流时保护装置瞬时动作。当线路发生相间短路时，继电保护装置瞬时作用于高压断路器的跳闸机构，使断路器跳闸，切除短路故障。

3. 单相接地保护。

当线路发生单相接地短路时，只有接地电容电流，并不影响三相系统的正常运行，只需装设绝缘监视装置或单相接地保护。

（二）带时限的过电流保护

带时限的过电流保护分定时限过电流保护和反时限过电流保护两种。

1. 定时限过电流保护装置的组成及原理。

图 2-24 所示即为采用定时限过电流保护装置的原理电路图，它由两只电流互感器 TA1 和 TA2、两只电流继电器 KA1 和 KA2、一只时间继电器 KT、一只信号继电器 KS 及一只出口中间继电器 KM 构成。图 2-24（a）为集中表示的原理电路图，图 2-24（b）为二次电路的展开图。由于展开图在分析电路时具有简明清晰的特点，所以在工程设计中，应用比较普遍。

保护装置的动作原理为：当被保护线路发生不同的相间短路时，流过线路的电流剧增，使其中一个或两个电流继电器动作，其动合触点闭合，接通时间继电器 KT 的线圈，时间继电器的触点经过一段延时后闭合，接通信号继电器 KS 的线圈，一方面，通过信号继电器动合触点的闭合去接通信号回路，发出信号；另一方面，通过信号继电器的线圈将出口元件中间继电器 KM 的线圈接通，由 KM 的动合触点将断路器的跳闸线圈 YR 的回路接通，使断路器 QF 跳闸，将故障切除。在断路器跳闸时，QF 的辅助触点随之断开跳闸回路，以减轻中间继电器触点的工作，在短路故障被切除后，继电保护装置除 KS 外的其他所有继电器均自动返回起始状态，而 KS 可手动复位。

定时限过电流保护装置接线简单、工作可靠，对单电源供电的辐射型电网可保证有选择性的动作。因此，在辐射型电网中获得广泛的应用，一般可作为 35 kV 以下线路的主保护用。

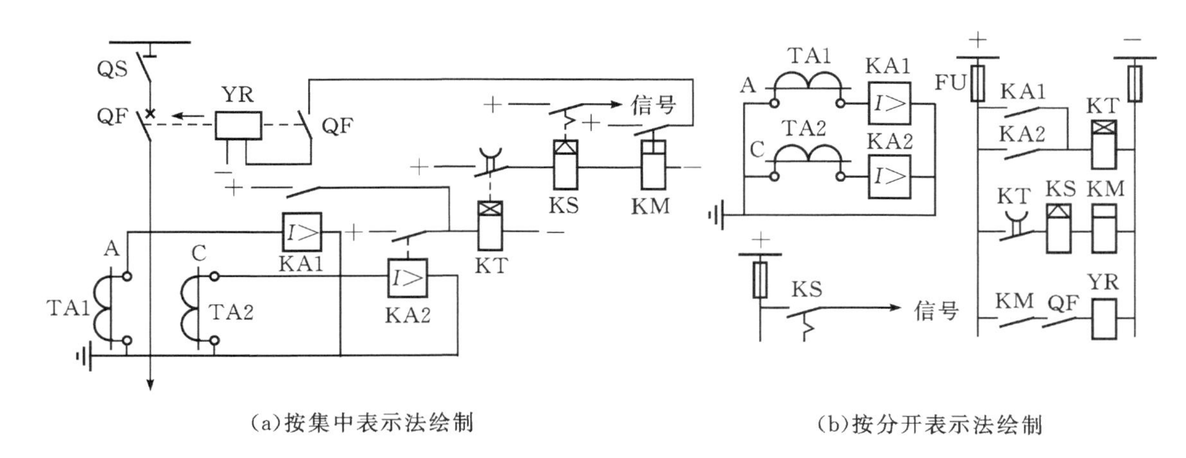

(a)按集中表示法绘制　　(b)按分开表示法绘制

QF—高压断路器；TA1、TA2—电流互感器；KA1、KA2—DL 型电流继电器；
KT—DS 型时间继电器；KS—DX 型信号继电器；KM—DZ 型中间继电器；YR—跳闸线圈。

图 2-24　定时限过电流保护的原理电路图

2. 反时限过电流保护装置的组成及原理。

图 2-25 所示为两相两继电器式接线的去分流跳闸的反时限过电流保护装置的原理电路图，它采用 GL 系列感应式电流继电器构成。由于这种继电器本身具有启动机构，以及反时限特性的时限机构，可省去时间继电器；由于它的触点容量也较大，可直接作用于跳闸，因此可省去中间继电器；同时继电器还带有机械掉牌信号装置，还可省去信号继电器。

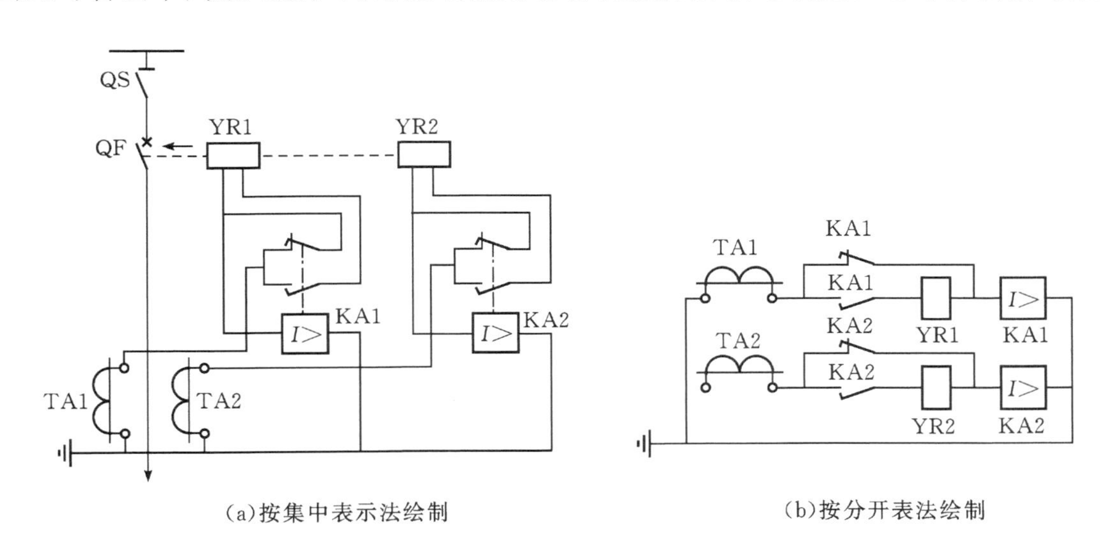

(a)按集中表示法绘制　　(b)按分开表法绘制

TA1、TA2—电流互感器；KA1、KA2—GL-1525 型电流继电器；YR1、YR2—断路器跳闸线圈。

图 2-25　两相两继电器式接线的反时限过电流保护原理电路图

保护装置的动作原理为：当被保护线路发生相间短路时，流过线路的电流剧增，使电流继电器 KA1、KA2 中至少有一个动作，经过一段延时后（延时长短与短路电流成反时限关系），其动合触点闭合，紧接着其动断触点断开，这时断路器跳闸线圈 YR 因“去分流”作用而通电，从而使断路器跳闸，将短路故障部分切除。与此同时，信号牌自动掉下，指示保护装置已经动作。在短路故障被切除后，继电器自动返回起始状态，而信号牌则需手动复位。

反时限过电流保护的优点是设备少，接线简单；缺点是时限整定及前后级的配合较复杂。它主要用于中、小型供电网络中。

（三）电流速断保护

带时限过电流保护具有简单可靠的优点，但由于它的动作电流是按避开最大负荷电流整定的，其保护范围常常延伸到下一段线路甚至更远。为了保证有选择性的动作，保护的动作时限必须按阶梯形原则整定。这样一来，当线路段数较多时，越靠近电源，短路电流越大，而动作时限却越长，不能满足快速动作的要求。为了实现短路电流越大越应快速切除的目的，可增设电流速断保护。

任务四　高低压互感器故障处理

任务单

互感器又称为仪用变压器，是电流互感器和电压互感器的统称。能将高电压变成低电压、大电流变成小电流，用于量测或保护系统。其功能主要是将高电压或大电流按比例变换成标准低电压（100V）或标准小电流（5A 或 1A，均指额定值），以便实现测量仪表、保护设备及自动控制设备的标准化、小型化。同时，互感器还可用来隔开高电压系统，以保证人身和设备的安全。

某机械厂一互感器发生故障，请各小组根据工厂停送电操作规范，完成停送电操作，根据规范排除故障，并进行更换互感器及调试操作，操作必须符合相关操作规范规定。

任务要求：

根据互感器的设计要求与工作原理，完成互感器的安装与调试，正确进行停送电操作，确保低压配电柜和各设备控制柜的正常安全运行，操作必须符合相关操作规范规定。

学习目标

1. 能说明高、低压电流互感器的构造与原理；
2. 能正确连接高、低压电流互感器；

3. 能说明高、低压电压互感器的构造与原理；
4. 能正确连接高、低压电压互感器；
5. 能正确选用高、低压互感器，并按规范运行与维护；
6. 能遵照供配电规范对互感器进行巡查；
7. 能与老师同学有效沟通，有团队合作精神，有良好的职业习惯；
8. 能按 7S 要求清理工作现场。

学习与工作内容

1. 阅读工作任务单，明确任务要求；
2. 学习计划的制订方法，制订任务四的学习计划；
3. 学习互感器的基本常识；
4. 完成停电操作；
5. 完成互感器的更换与调试；
6. 完成送电操作；
7. 学会遵照供配电规范对互感器进行巡查；
8. 填写工作页相关内容；
9. 按 7S 标准清理工作现场。

学习时间

6 课时。

学习地点

供配电学习工作站、多媒体教室。

教学资源

1.《供配电技术》学生学习工作页；
2.《工厂配电技术实训指导书》；
3.《变配电室值班电工》；
4.“供配电技术”教学演示文稿；
5.“供配电技术”教学微课。

教学活动一　明确任务

学习目标

能阅读工作任务单，明确任务要求。

学习场地

供配电学习工作站。

学习时间

1 课时。

教学过程

1. 认真阅读任务单，明确本任务学习目标与任务要求，填写任务要求明细表（表2-25）。

表2-25　任务要求明细表

项目名称	
任务要求	
工作与学习内容	
完成时间	

2. 组长检查组内成员任务明细表填写情况并评分，成绩填入项目考核评分表内相应位置，满分 5 分。

教学活动二　制订计划

学习目标

1. 能根据任务要求制订工作计划（包括人员分工）；
2. 小组成员能团结协作，互帮互学，优化工作计划。

学习场地

供配电学习工作站。

学习时间

1 课时。

教学过程

1. 制订工作计划（表 2-26）。

表2-26 工作计划表

工作内容	时间安排（课时）	任务接受者
学习互感器的基本常识		所有成员
学会互感器的操作方法及其规范		
学会遵照供配电规范对互感器进行巡查		

2. 老师检查小组工作计划表填写情况并评分，成绩填入项目考核评分表相应位置，满分 5 分。

教学活动三　工作准备

学习目标

1. 熟悉互感器的选择方法及运行维护要求；
2. 掌握互感器的操作规范；
3. 掌握互感器的基本调试方法；
4. 学习常见的故障及解决办法；
5. 学会遵照供配电规范对互感器进行巡查。

学习场地

供配电学习工作站。

学习时间

2 课时。

教学过程

1. 课外自学任务四知识链接中互感器的基本知识。

2. 课内（1.5 课时）。

通过课内知识学习，请回答以下问题：

（1）说说互感器的组成和功能。

（2）说说互感器的工作原理。

（3）简述电流互感器和电压互感器的异同。

（4）说说互感器的常见故障及排除方法。

（5）简述更换互感器的注意事项。

3. 操作方案的讨论（0.5 课时）。

（1）小组根据操作规范与操作注意事项，制订操作方案，并讨论优化操作方案。

（2）各小组展示操作方案（每组发言时间不超出 2 分钟），对操作方案进行自评及互评，评价结果（取 6 个小组给出成绩的平均分）记录到附页项目考核表中对应栏目。

（3）各小组取长补短进一步优化操作方案。

（4）制订优化后的操作方案。

教学活动四　任务实施

学习目标

1. 能根据操作规范要求正确进行互感器操作；
2. 能根据故障现象分析常见故障原因；
3. 能进行简单的维修；
4. 能遵照供配电规范对互感器进行巡查；
5. 能按 7S 管理规范整理工作现场。

学习场地

供配电学习工作站。

学习时间

6 课时。

教学过程

实施操作方案（6 课时）。

1. 高、低压电流互感器的认知与接线。

（1）打开高、低压开关柜的柜门，找出所有电流互感器并进行认识研究。

（2）观察高、低压电流互感器，找出电流互感器安装方式的差异，并进行研究。

（3）找出电流互感器的接线端上标有 P1，P2，S1，S2 的字符，并说出在电流互感器上各表示什么含义。

（4）找出所有电流互感器的一次接线端子，观察各个电流互感器的一次接线的差异并进行研究。

（5）找出各个电流互感器的同名端。

（6）找出电流互感器的二次接线端子，对照实训原理部分电流互感器的接线方案图 2-26 中的（a）、（b）、（c）、（d）把电流互感器接成满足下列要求的接线形式：

①一相式；

②两相 V 形；

③两相电流差；

④三相星形。

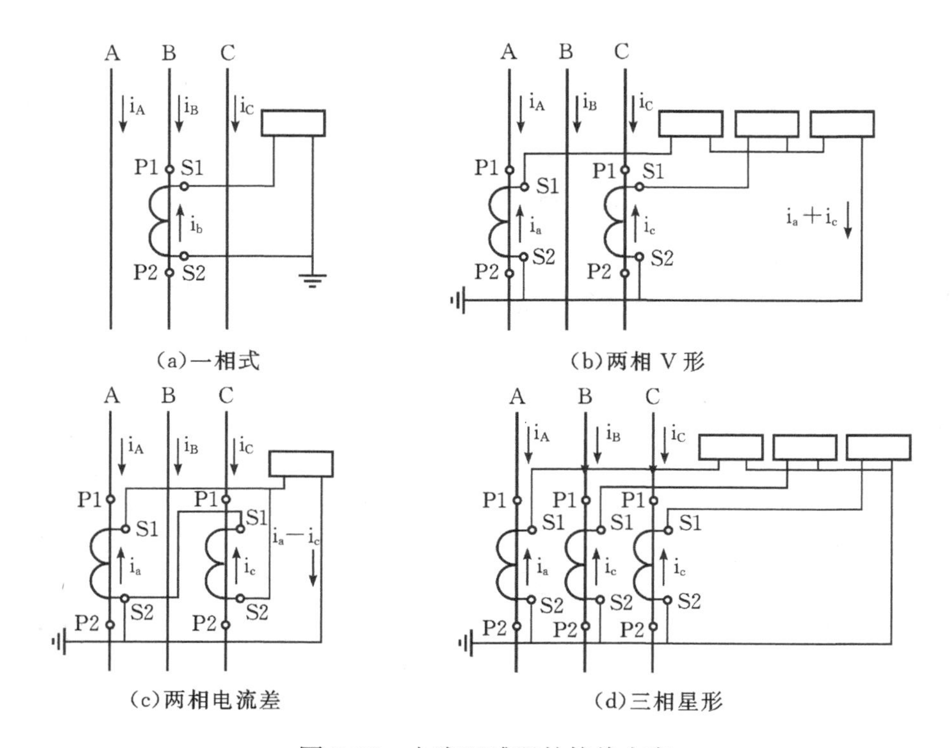

图 2-26　电流互感器的接线方案

2. 高、低压电压互感器的认知与接线。

（1）打开高、低压开关柜的柜门，找出所有电压互感器并进行认识研究。

（2）观察高、低压电压互感器，找出高、低压电压互感器的差异，并进行研究。

（3）找出电压互感器的一次侧接线端子和二次侧接线端子。

（4）找出高、低压电压互感器的接线方式的差异，并说出其接线的特点。

（5）按照实训原理部分电压互感器的接线方案图 2-27 中的 a）、b）把电压互感器接成满足下列要求的接线形式：

①一相式；

②两相 V 形。

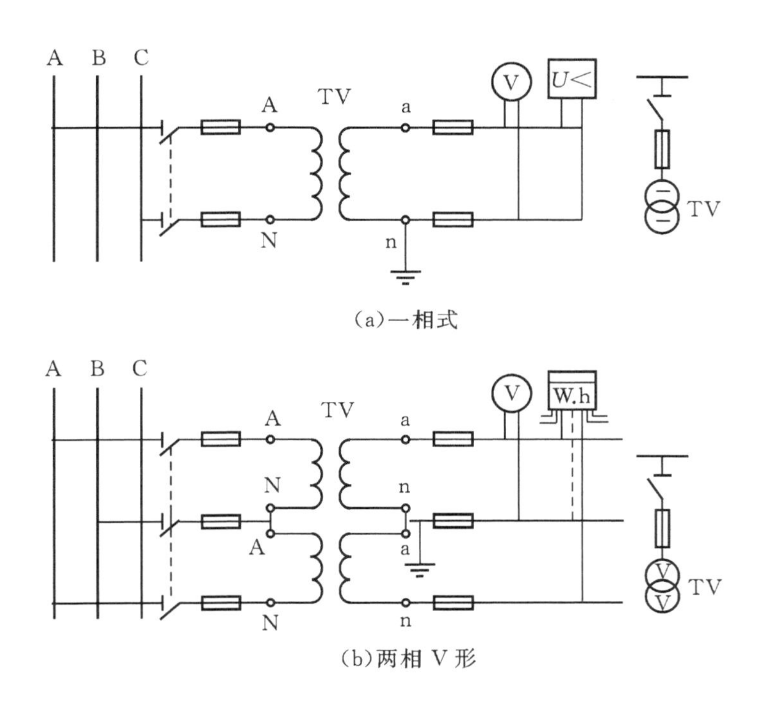

图 2-27 电压互感器的接线方案

3. 如设备的工作情况不符合要求，请分析检查工作不正常的原因，排除故障并作好记录（表 2-27）。

表2-27 故障现象、原因分析及解决方法

故障现象	故障原因	解决方法

想一想，什么情况下需要进行停送电操作？是不是可以直接分合闸进行操作？在停送电过程中要注意哪些安全事项？如果你还不会，请跟我学！

4. 按 7S 管理规范整理工作现场。

教学活动五　检查控制，任务验收

学习目标

1. 能如实记录任务完成情况；
2. 能有效展示项目工作成果；
3. 能合理评价工作任务完成情况。

学习场地

供配电学习工作站。

学习时间

1 课时。

教学过程

1. 各小组成员自行检查任务完成情况。

各小组成员运行调试安装完成的控制电路，观察并记录控制电路的工作情况，完成相关项目的自我评分，自评成绩记入自查表及项目考核评分表（表 2-28、表 2-29）。

表2-28　安装、调试任务完成情况自查表

项目工作内容	完成情况	配分	自评分	备注
互感器的认识与接线				
互感器的故障检修				
遵照供配电规范对互感器进行巡查				
工作现场整理				该两项未完成或不规范扣职业素养分
工作页填写				

表2-29　项目考核评分表

序号	考核内容		考核要求	评分标准	配分	自我评价10%	小组互（自）评40%	老师评价50%	综合成绩
1	职业素养	劳动纪律	按时上下课，遵守实训现场规章制度	上课迟到、早退、不服从指导老师管理，或不遵守实训现场规章制度扣1～7分	7				
		工作态度	认真完成学习任务，主动钻研专业技能，团队协作精神强	工作学习态度不端正，团队协作效果差扣1～7分	7				
		职业规范	遵守电工操作规程、规范及现场管理规定	1. 不遵守电工操作规程及规范扣1～6分 2. 不能按规定整理工作现场扣1～3分	6				
2	任务明细表填写		明确工作任务	2. 任务明细表填写有错扣1～5分	5				
3	工作、学习计划制订		计划合理、可操作	计划制订不合理、可操作性差扣1～5分	5				
4	知识技能准备	基本知识	按要求正确完成课堂问题	答题成绩×10%	10				
		基本技能	按要求完成刀开关与断路器的选择	每个设备型号分析错误扣1～5分	10				
5	任务实施	施工方案设计	1. 施工方案正确合理 2. 符合安全操作规程 3. 正确使用安全工器具	方法不合理扣1～12分，酌情扣分	5				
				不符合安全操作规程每处扣1分	5				
				安全工器具使用错误每个扣0.5～1分	5				
		施工过程	根据施工方案进行施工作业	1. 损坏元件每件扣5分 2. 违反安全操作规程扣3～5分 3. 操作流程错误每处扣5分	7				
		工程验收	完成整个工程的施工、符合竣工验收标准	1. 工作终结流程错误每处扣2分 2. 检修过程不符合规定每处扣2分	10				

续表

<table>
<tr><th>序号</th><th>考核内容</th><th>考核要求</th><th>评分标准</th><th>配分</th><th>自我评价 10%</th><th>小组互（自）评 40%</th><th>老师评价 50%</th><th>综合成绩</th></tr>
<tr><td>6</td><td>团队合作</td><td>小组成员互帮互学，相互协作</td><td>团队协作效果差扣 1 ～ 8 分</td><td>8</td><td></td><td></td><td></td><td></td></tr>
<tr><td>7</td><td>创新能力</td><td>能独立思考，有分析解决实际问题能力</td><td>完成拓展学习任务得 10 分，部分完成酌情加分</td><td>10</td><td></td><td></td><td></td><td></td></tr>
<tr><td rowspan="2">备注</td><td rowspan="2" colspan="2"></td><td>合计</td><td>100</td><td></td><td></td><td></td><td></td></tr>
<tr><td>指导教师综合评价</td><td colspan="5">指导老师签名：　　　　年　　月　　日</td></tr>
</table>

2. 各小组长与指导老师一起验收 6 个小组的工作成果，记录小组任务完成的综合情况，并进行小组互评：

（1）个人任务实施项目分。根据个人任务完成情况按项目评分标准评分，取 6 个小组的平均分记入个人项目考核评分表“小组互评栏”。

（2）团队合作分。根据小组完成任务的综合情况评分（表 2-30）。

表2-30　安装、调试任务小组完成情况记录表

<table>
<tr><th rowspan="2">项目工作内容</th><th colspan="6">各小组完成情况</th><th rowspan="2">备注</th></tr>
<tr><th>1 组</th><th>2 组</th><th>3 组</th><th>4 组</th><th>5 组</th><th>6 组</th></tr>
<tr><td>互感器的认识与接线</td><td></td><td></td><td></td><td></td><td></td><td></td><td></td></tr>
<tr><td>互感器的故障检修</td><td></td><td></td><td></td><td></td><td></td><td></td><td></td></tr>
<tr><td>遵照供配电规范对互感器进行巡查</td><td></td><td></td><td></td><td></td><td></td><td></td><td></td></tr>
<tr><td>工作现场整理</td><td></td><td></td><td></td><td></td><td></td><td></td><td rowspan="2">该两项未完成或不规范扣职业素养分</td></tr>
<tr><td>工作页填写</td><td></td><td></td><td></td><td></td><td></td><td></td></tr>
<tr><td>团队合作成绩</td><td></td><td></td><td></td><td></td><td></td><td></td><td></td></tr>
</table>

教学活动六　总结拓展

学习目标

1. 能客观分析完成任务过程中的收获与存在的问题，撰写项目学习总结；
2. 能进行各种不同型号的互感器的认识与接线。

学习场地

供配电学习工作站。

学习时间

1 课时。

教学过程

1. 学员撰写项目学习总结，总结要素包括：学习态度、在本项目中承担的主要工作及完成情况、收获、改进方向。

项目学习总结

____

____

____

2. 拓展学习（课外完成）。

（1）LZJC-10 型高压电流互感器的认知。

LZJC-10 型高压电流互感器的外观结构如图 2-28 所示。

图 2-28　LZJC-10 型电流互感器外观结构

LZJC-10 电流互感器的技术参数见表 2-31。

表2-31　LZJC-10型电流互感器部分参数说明

额定一次电流 /A	1 秒热电流（KA 有效值）Ith/1s	动稳定电流（KA 峰值）	准确级组合（1s/2s）	额定二次输出 /VA	
				0.2 级 0.5 级	10P10
5	0.45	1.1	0.2/10P10 0.5/10P10	10	15
10	0.9	2.2			
15	1.35	3.3			
20	1.8	4.5			
30	2.7	6.75			
40	3.6	9			
50	5	12.5			
75	7.5	18.8			
100	10	25			
150	15	37.5			
200	20	50			
300	30	75			
400	40	100			
500	50	100			
600	56	110			
800	75	110			
1000	80	130			

（2）BH-0.66 I 型低压电流互感器的认知。

BH-0.66 型低压电流互感器的外观结构如图 2-29 所示。

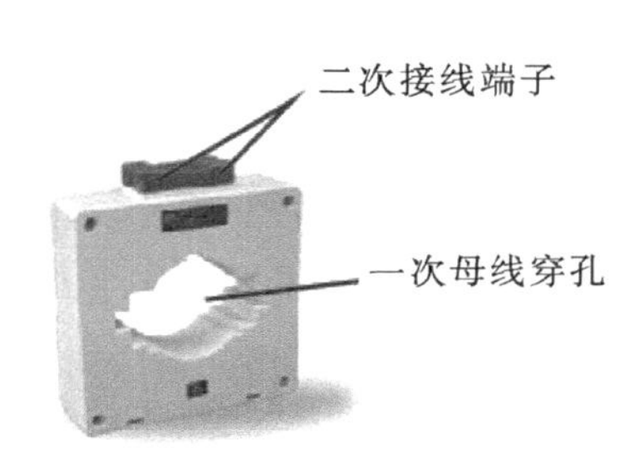

图 2-29　低压电流互感器 BH-0.66 外观结构

BH-0.66 系列Ⅰ型电流互感器为方、圆孔型电流互感器，主要适用于单根、多根电缆穿越或单根母排穿越，作为电流测量和电能计量使用。该产品系列全、规格多、适用面广；30×30 Ⅰ为加大容量型，100A 及以下额定容量可达到 5 ～ 10VA（穿芯匝数仅 2 ～ 3 匝）。型号及其含义：B 代表封闭式；H 代表电流互感器；0.66 为电压等级。其技术参数见表 2-32 所示。

表2-32　BH-0.66型电流互感器部分参数说明

型号	额定电流 一次 / 二次	汇流排截面尺寸	根数	额定负载	精度等级	最高工作 电压	穿芯匝数
BH-0.66-30	150/5	30×10		2.5	0.5	660	1
	200/5	30×10		5	0.5	660	1
	250/5	40×10		5	0.5	660	1
BH-0.66-40	300/5	40×10		5	0.5	660	1
	400/5	40×10		5	0.5	660	1
BH-0.66-60	500/5	60×10 60×10	1 ～ 2	10	0.5	660	1
	600/5	60×10 60×10	1 ～ 2	10	0.5	660	1
	750/5	60×10 60×10	1 ～ 2	10	0.5	660	1
	800/5	60×10 60×10	1 ～ 2	10	0.5	660	1

（3）电压互感器的认知与接线。

电压互感器的基本结构原理如图 2-30 所示。它的结构特点是其一次绕组匝数很多，而二次侧绕组较少，相当于降压变压器。工作时，一次绕组并联在一次电路中，而二次绕组并联仪表、继电器的电压线圈。由于这些电压线圈的阻抗很大，所以电压互感器工作时二次绕组接近于空载状态，并且由于电压互感器一、二次绕组都是在并联状态下工作的，如发生短路，将产生很大的短路电流，有可能烧坏电压互感器，甚至危及一次系统的安全运行，所以电压互感器在工作时二次侧不得短路，同时，电压互感器的一、二次侧都必须装设熔断器，以进行短路保护。图 2-31 为电压互感器的外观结构。

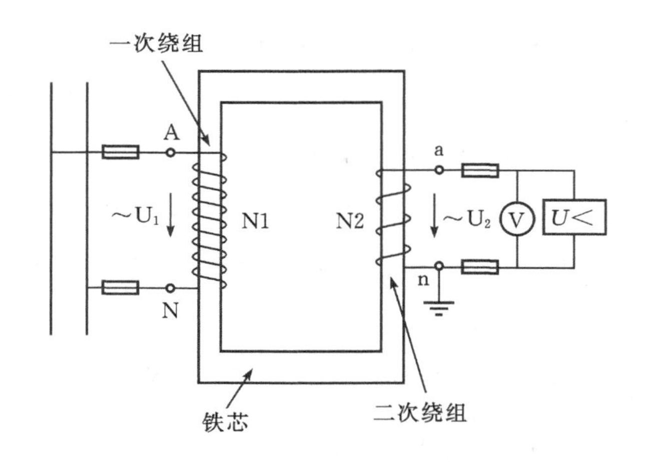

图 2-30　电压互感器的基本结构和接线

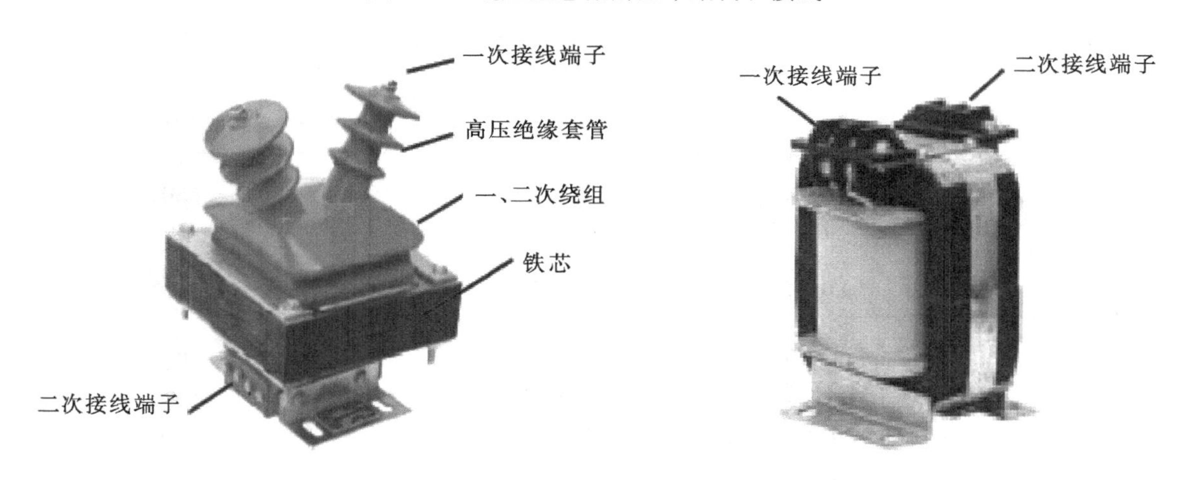

图 2-31　电压互感器的外观结构

知识链接

一、电力变压器的继电保护

（一）电力变压器继电保护的设置

电力变压器是工厂供配电系统中十分重要和贵重的电气设备，它的故障将对供电可靠性和系统的正常运行带来严重的影响，从而造成很大的经济损失。

变压器的故障可分为内故障和外故障两种。变压器的内部故障主要有绕组的相间短路、绕组匝间短路和单相接地短路，内部故障是很危险的，因为短路电流产生的电弧不仅会破坏绕组绝缘，烧坏铁芯，还可能使绝缘材料和变压器油受热而产生大量气体，引起变压器油箱爆炸。变压器常见的外部故障是引出线上绝缘套管的故障，绝缘套管的短路可能导致引出线的相间短路或接地短路。

变压器的不正常工作状态有由于外部短路和过负荷而引起的过电流，油面的过度降低和温度升高等。

对于变压器的内部故障和外部故障应动作于跳闸；对于外部相间短路引起的过电流，保护装置应带时限动作于跳闸；对过负荷、油面降低、温度升高等不正常状态的保护一般只作用于信号。

根据变压器的故障种类及不正常运行状态，变压器一般应装设下列保护：

（1）瓦斯保护。它能反应（油浸式）变压器油箱内部故障和油面的降低，瞬时动作于信号或跳闸。

（2）差动保护或电流速断保护。它能反应变压器内部故障和引出线的相间短路、接地短路，瞬时动作于跳闸。

（3）过电流保护。它能反应变压器外部短路而引起的过电流，带时限动作于跳闸，可作为上述保护的后备保护。

（4）过负荷保护。它能反应因过载而引起的过电流，一般作用于信号。

（5）温度保护。它能反映变压器温度升高和油冷却系统的故障。

本节仅介绍工业企业中常用的 6 ～ 10kV 配电变压器的几种继电保护。

（二）电力变压器的过电流、速断和过负荷保护

1. 电力变压器的过电流保护。

为了对变压器外部短路引起的过电流进行保护，同时作为变压器内部故障的后备保护，一般变压器都要装设过电流保护。过电流保护多安装在电源侧，使整个变压器处于保护范围之内。

为了扩大保护范围，电流互感器应尽量靠近高压断路器安装。当发生内部故障时，若瓦斯（或差动、电流速断）等快速动作的保护拒动时，过电流保护经过整定时限后，动作于变压器各侧的断路器，使其跳闸。

变压器过电流保护的组成和原理（不论是定时限还是反时限）与电力线路的过电流保护完全相同，在此不再重述。

2. 电力变压器的电流速断保护。

对于中、小容量的变压器，当其过电流保护的动作时限大于 0.5s 时，必须装设电流速断保护。

变压器电流速断保护的组成和原理也与电力线路的电流速断保护完全相同，在此亦不再重述。

变压器电流速断保护的优点是接线简单、动作迅速，缺点是只能保护变压器绕组的一部分。

3. 电力变压器的过负荷保护。

在大多数情况下，变压器过负荷电流都是三相对称的，因此，只需用一个电流继电器接于一相电流上。

过负荷保护的安装，要能够反应变压器所有绕组的过负荷情况。对于三绕组变压器，过负荷保护应装在所有绕组侧；对于双绕组变压器，过负荷保护应装在电源侧。

过负荷保护与过电流保护合用一组电流互感器，它只装在有运行人员监视的变压器上。过负荷保护动作后只发出信号，运行人员接到信号后即可进行处理。

图 2-32 所示为电力变压器的定时限过电流保护、电流速断保护和过负荷保护的综合电路，全部继电器均为电磁式。

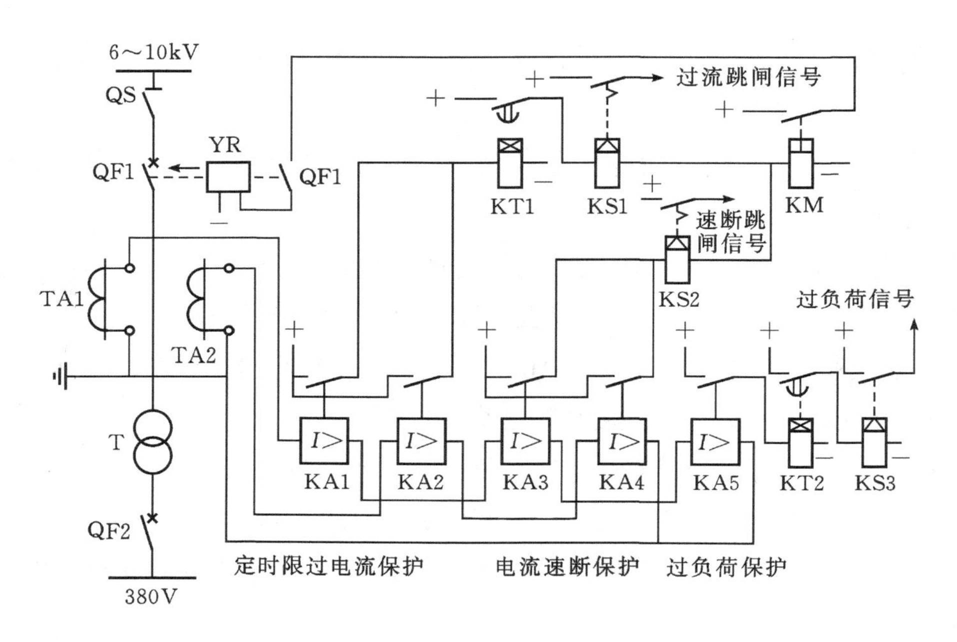

图 2-32　电力变压器的定时限过电流保护、电流速断保护和过负荷保护的综合电路

为了防止短时过负荷或在外部短路时发出不必要的信号，需装设一只延时闭合的时间继电器，其动作时限一般整定为 10 ～ 15s。

（三）电力变压器低压侧单相短路保护

在两相两继电器式接线中，当未接电流互感器的那一相的低压侧发生单相短路时，在变压器高压侧的继电器中只反应 1/3 的单相短路电流，因此灵敏度过低，所以这种接线方式不适于作低压侧单相短路保护。在两相一继电器式接线中，当未接电流互感器的那一相的低压侧发生单相短路时，继电器中根本无电流通过，所以这种接线方式也不适于作低压侧单相短路保护。为此可采取如下措施之一：

（1）在低压侧装设三相均带有过电流脱扣器的低压断路器。这种低压断路器，既作为低压侧的主开关，又用作低压侧的相间短路和单相短路保护。这种措施在工厂和车间变电所中得到广泛的应用。例如 DW16 型低压断路器就具有所谓的“第四段保护”，专门用作单相接地保护。

（2）在低压侧三相装设熔断器。这种措施既可以保护变压器低压侧的相间短路，又可以保护单相短路。但由于熔断器熔断后更换熔体需耽误一定的时间，所以它主要用于给不太重要的负荷供电的小容量变压器。

（3）在变压器中性点接地线上装设零序过电流保护。

（四）电力变压器的瓦斯保护

当变压器油箱内发生轻微故障时，瓦斯继电器 KG 的上触点 KG1-2 闭合，发出轻瓦斯信号。

当变压器油箱内发生严重故障时，KG 的下触点 KG3-4 闭合，经信号继电器 KS 起动保护出口中间继电器 KM，接通断路器 QF 的跳闸线圈 YR 回路，使断路器跳闸。

为了防止变压器内部严重故障时，由于油气流的不稳定，引起瓦斯继电器 KG 的下触点 KG3-4 时通时断而不能可靠跳闸，电路中选用了具有自保持线圈的出口中间继电器 KM，中间继电器 KM 的触点 KM1-2 即为“自保持”触点。当 KG 的下触点 KG3-4 闭合时，KM 就动作，并借其上触点 KM1-2 的闭合而使其处于自保持状态，KM3-4 的闭合接通断路器 QF 的跳闸线圈 YR 回路，使断路器跳闸。QF 跳闸后，其辅助触点 QF1-2 断开跳闸回路，QF3-4 则断开中间继电器 KM 的自保持回路，使中间继电器返回。详细电路如图 2-33 所示。

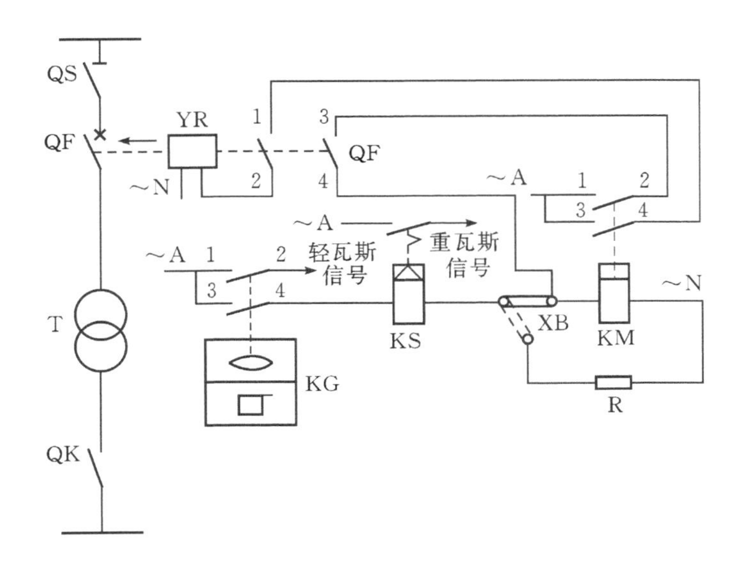

T—电力变压器；KG—瓦斯继电器；KS—信号继电器；KM—中间继电器；QF—高压断路器；
YR—断路器跳闸线圈；XB—连接片；R— 限流电阻。

图 2-33　变压器瓦斯保护原理电路图

35kV变电站倒闸操作

任务单

倒闸操作是一项重要而复杂的工作，既有一次设备的操作也有二次设备的操作，少者两三步，多者上百步。其工作内容一般涉及正常修试、调整负荷及运行方式、消除缺陷、处理事故，贯穿于整个变电站的运行工作中。因此说倒闸操作的规范性和正确性不仅关系到电力系统的安全和稳定运行还关系着电气设备上的工作人员与操作人员的安全。

随着我国大中型企业的逐年增多，电力工业迅速发展，电网日趋复杂、多样，而且同一电压等级、不同电压等级之间联系也非常紧密，在这种情况下，正确的倒闸便尤为重要。

为了保证倒闸操作的正确性和安全性，进行操作前的倒闸操作模拟预演尤为重要。要求学生能在模拟盘上进行 35kV 变电站送电倒闸操作，35kV 两路进线供电转备用线路供电倒闸操作，35kV 变压器从运行状态转检修倒闸操作。

学习目标

1. 能描述倒闸操作的工作流程；
2. 能按电力安全工作流程完成 35kV 变电站倒闸操作；
3. 能根据操作任务编写操作票；
4. 能与老师同学有效沟通，有团队合作精神，有良好的职业习惯；
5. 能按 7S 要求清理工作现场。

学习与工作内容

1. 阅读工作任务单，明确任务要求；
2. 学习 35kV 变电站送电倒闸操作；
3. 学习 35kV 两路进线供电转备用线路供电倒闸操作；
4. 学习 35kV 变压器从运行状态转检修倒闸操作；
5. 能按 7S 要求清理工作现场。

学习时间

18 课时。

学习地点

供配电学习工作站。

教学资源

1.《供配电实训指导书》；

2.《电力安全操作规程》；

3. THEEBG-1A 型模拟配电工作平台。

教学活动一　明确任务

学习目标

能阅读工作任务单，明确任务要求。

学习场地

供配电学习工作站。

学习时间

1 课时。

教学过程

1. 认真阅读任务单，明确本任务学习目标与任务要求，填写任务要求明细表（表 3-1）。

表3-1 任务要求明细表

<table>
<tr><td colspan="2">项目名称</td><td></td></tr>
<tr><td rowspan="3">倒闸操作的要求</td><td>操作人员的技术要求</td><td></td></tr>
<tr><td>组织措施及一些规定的要求</td><td></td></tr>
<tr><td>技术措施及一些规定的要求</td><td></td></tr>
<tr><td colspan="2">工作内容</td><td></td></tr>
<tr><td colspan="2">完成时间</td><td></td></tr>
<tr><td colspan="2">任务接受者签名</td><td></td></tr>
</table>

2. 组长检查组内成员任务明细表填写情况并评分，成绩填入项目考核评分表内相应位置，满分 5 分。

教学活动二　制订计划

学习目标

1. 能根据任务要求制订工作计划（包括人员分工）；
2. 小组成员能团结协作，互帮互学，优化工作计划。

学习场地

供配电学习工作站。

学习时间

1 课时。

教学过程

1. 制订工作计划（表 3-2）。

表3-2　工作计划表

<table>
<tr><td>组长</td><td></td><td>小组成员</td><td colspan="3"></td></tr>
<tr><td colspan="3">工作内容</td><td>学习或工作方法</td><td>时间安排</td><td>任务接受者</td></tr>
<tr><td colspan="3"></td><td></td><td></td><td></td></tr>
<tr><td colspan="3"></td><td></td><td></td><td></td></tr>
<tr><td colspan="3"></td><td></td><td></td><td></td></tr>
<tr><td colspan="3"></td><td></td><td></td><td></td></tr>
<tr><td colspan="3"></td><td></td><td></td><td></td></tr>
<tr><td>学习及工作目标</td><td colspan="5"></td></tr>
</table>

2. 组长检查组内成员工作计划表填写情况并评分，成绩填入项目考核评分表相应位置，满分 5 分。

教学活动三　工作准备

学习目标

1. 明确倒闸操作的流程；
2. 明确安全操作规程；
3. 能正确填写操作票。

学习场地

供配电学习工作站。

学习时间

10 课时。

教学过程

一、变电站的倒闸操作学习

（一）送电倒闸操作流程（表 3-3）

表3-3　送电倒闸操作流程

序号	工作内容	工作细则
1	工作结束	
2	检修设备验收	
3	汇报值班调度员检修设备具备送电条件，可以送电	
4	值班调度员下达操作指令，值班负责人接受操作预令	
5	审核送电操作票	
6	进行操作危险点分析和制定控制措施	
7	操作前准备	
8	值班负责人联系调度	
9	实际操作	
10	复查	
11	操作结束汇报及记录	
12	操作评价	

（二）写出停电倒闸操作流程（表 3-4）

表3-4　停电倒闸操作流程

序号	工作内容	工作细则
1		
2		

续表

序号	工作内容	工作细则
3		
4		
5		
6		
7		
8		
9		
10		
11		
12		

（三）通过微课学习倒闸操作过程

（四）倒闸操作票填写学习范例

以如图 3-1 所示的倒闸操作示例电路为例，按以下步骤填写倒闸操作票。

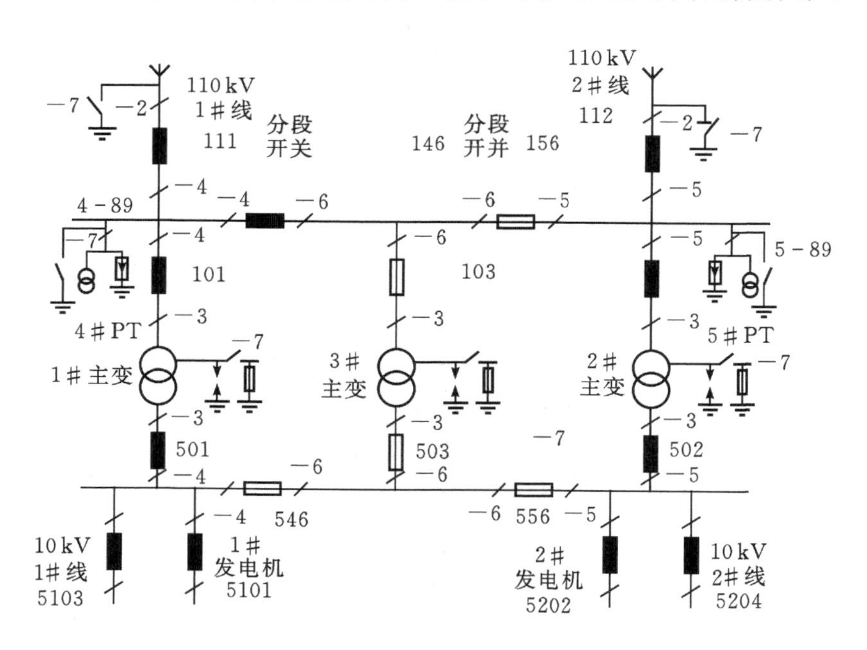

图 3-1　倒闸操作示例电路

1. 填写 1# 主变检修的倒闸操作票。

1# 主变检修倒闸操作票：

1）停 1# 主变检修

（1）检查运行方式及开关状态无误。

（2）将 3# 主变的零序间隙保护退出运行，零序保护投入运行。

（3）将 3# 主变的高后备保护跳小电源（1# 发电机 5101）压板投入运行。

（4）合 3# 主变中性点接地刀闸 –7。

（5）合 3# 主变高压开关 103（103 原热备）。

（6）合 3# 主变低总开关 503（503 原热备）。

（7）拉开 3# 主变中性点接地刀闸 –7。

（8）3# 主变的零序间隙保护投入运行，退出零序保护。

（9）合 10kV 母联开关 546（546 原热备）（操作前检查并列条件，操作后检查合环电流正常）。

（10）将 1# 主变的零序间隙保护退出运行，零序保护投入运行。

（11）合 1# 主变中性点接地刀闸 –7。

（12）拉 1# 主变低总开关 501。

（13）拉 1# 主变高压开关 101。

（14）拉 501 的 –3 与 –4 刀闸。

（15）拉 101 的 –3 与 –4 刀闸。

（16）将 1# 主变的高后备保护跳小电源（1# 发电机 5101）压板退出运行。

（17）在 101 开关的负荷侧、501 开关的电源侧分别验放电后各封地线一组。

（18）挂工作标识牌。

2）主变停电检修操作分析

步骤一：操作项目中的 1 项，操作前的检查及确认项目，是值班员在监控后台或模拟屏上检查确认运行方式、设备名称与编号的项目。危险点的预控：提醒值班员间隔站位正确，清晰操作的设备状态，防止误操作的发生。

步骤二：操作项目中的 2 ～ 15 项，是停电将 1# 主变与电网隔离的操作过程，按主变操作的技术原则倒空负荷，停拉主变高低压两侧开关及刀闸。危险点的预控：① 110kV 主变中性点不接地运行时，操作主变时为防止操作过电压需要将中性点接地刀闸合上，同时需要将间隙与零序保护同接地刀闸投退进行相应的切换。②保护压板投运前要检测压板两端极性一致。③主变并列时要先检查并列条件是否达到规程规定，考虑负荷分配问题。④按电力安全工作规程停电检修设备要将各方面的电源完全断开，且各方应该至少有一个明显的断开点。操作时需要将主变高低压两侧开关及刀闸停拉，拉刀闸前一定要检查开关的实际指示位置。⑤将 1# 主变跳发电机的高后备保护压板退出，防止工作时误操作解列发电机组。

步骤三：操作项目中的 16 项，是安全措施的布置。电力安全工作规程规定：可能送电到停电设备或产生感应电压的各侧均应该装设地线。将停电的主变开关两侧接地并三相短路。危险点的预控：①使用合格的验电器，按安全工作规程要求正确验电，无法直接验电的可采用间接验电的方法。②接地线符合规定，操作按安全工作规程正确操作。③悬挂标识牌指示工作人员工作地点及警告勿接近危险点。

2. 练习一　填写 2# 主变检修的倒闸操作票。

____

____

____

____

____

二、学习安全操作规程

为了按时完成考核项目，确保操作时的人身安全与设备安全，要严格遵守如下规定的安全操作规程：

（1）装置电源“上电”或“断电”间隔时间不小于 1 分钟，否则容易导致装置内 PLC 工作不正常甚至损坏。

（2）考核项目之间相互独立，自成一体，在下一个考核项目进行前，须拉下装置左侧“总电源”开关，延时 1 分钟后，再给装置上电，以恢复到最初状态，防止受上一个考核项目结果的影响。

（3）当按下装置左侧“总电源”开关，装置上电后，蜂鸣器开始报警时，请检查装置内的 PLC 是否工作正常，PLC 正常运行时，PLC 主机面板上“Power”及“run”常亮；PLC 不正常时，“fault”指示灯闪烁，此时请按下主机面板上的“OK”键，进入“Mode switch”，再按下“OK”键，选中“run”按下“OK”键即可。

另：PLC 主机面板按键说明：

① OK：进入下一级菜单；存储输入信息；应用更改内容。

② ESC：返回上一级菜单；取消自上次点击“OK”键后所输入的全部内容；多次重复点击，返回主菜单。

③方向键：更改菜单项；更改值；更改位置。

（4）每个考核项目，考核教师都须预设初始状态，见“准备工作”内容，请考核教师严格按照给定的顺序操作，否则装置上的蜂鸣器会鸣叫报警。

（5）考生在完成考核项目的过程中，操作错误，装置上的蜂鸣器会鸣叫报警，考生须首先纠正错误，方可进行下一步操作。纠正错误的方法是退回操作到上一步，前提是退回操作是符合倒闸操作原则和要求的操作，如果退回操作不符合倒闸操作原则和要求，即是误操作，则蜂鸣器依然鸣叫报警。

教学活动四　任务实施

学习目标

1. 能按电力安全工作规程完成 35kV 变电站送电倒闸操作票填写；
2. 能按电力安全工作规程完成 35kV 两路进线供电转备用线路供电倒闸操作票填写；
3. 能按电力安全工作规程完成 35kV 变压器从运行状态转检修倒闸操作票填写；
4. 能按 7S 管理规范整理工作现场。

学习场地

供配电学习工作站。

学习时间

12 课时。

教学过程

一、填写操作票

1. 35kV 变电站送电倒闸操作。

以如图 3-2 所示的 35kV 变电站送电倒闸操作电路为例，填写倒闸操作票。

（1）前提条件：35kV 侧和 10kV 侧的所有隔离开关、断路器都处于分位。

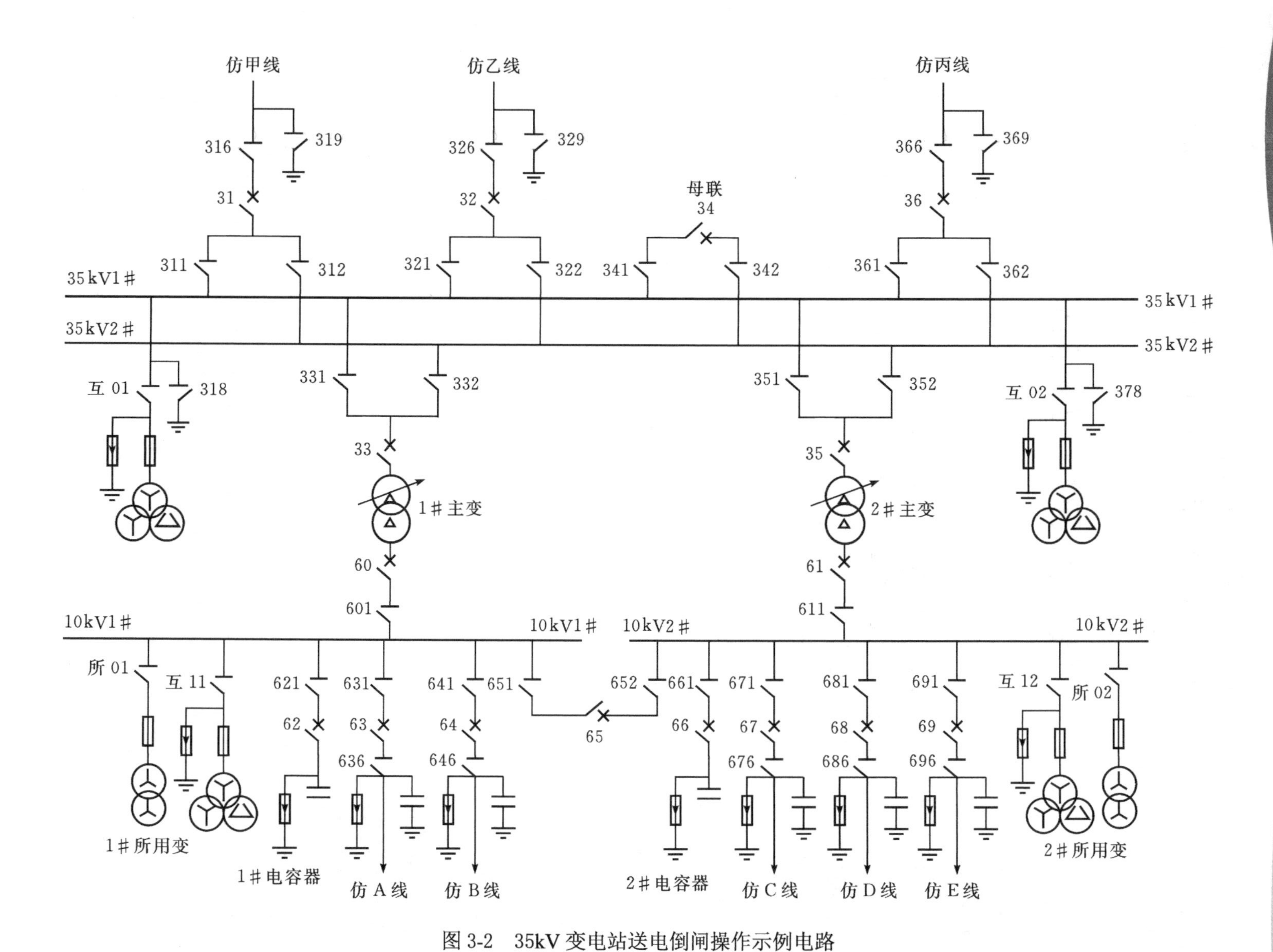

图3-2　35kV变电站送电倒闸操作示例电路

（2）填写操作票（表 3-5）。

表3-5　35kV变电站送电倒闸操作

<table>
<tr><td colspan="3">35kV 变电站送电倒闸操作票一
编号：××××××××××</td></tr>
<tr><td colspan="2" rowspan="2">单位：35kV 变电站</td><td>操作开始时间　年　月　日　时　分</td></tr>
<tr><td>操作终结时间　年　月　日　时　分</td></tr>
<tr><td colspan="3">操作任务：35kV 变电站送电倒闸操作</td></tr>
<tr><td>操作顺序</td><td>是否操作 √</td><td>操作项目</td></tr>
<tr><td>1</td><td></td><td></td></tr>
<tr><td>2</td><td></td><td></td></tr>
<tr><td>3</td><td></td><td></td></tr>
<tr><td>4</td><td></td><td></td></tr>
<tr><td>5</td><td></td><td></td></tr>
<tr><td>6</td><td></td><td></td></tr>
<tr><td>7</td><td></td><td></td></tr>
<tr><td>8</td><td></td><td></td></tr>
<tr><td>9</td><td></td><td></td></tr>
<tr><td>10</td><td></td><td></td></tr>
<tr><td>11</td><td></td><td></td></tr>
<tr><td>12</td><td></td><td></td></tr>
<tr><td>13</td><td></td><td></td></tr>
<tr><td>14</td><td></td><td></td></tr>
<tr><td>15</td><td></td><td></td></tr>
<tr><td>16</td><td></td><td></td></tr>
<tr><td>17</td><td></td><td></td></tr>
<tr><td>18</td><td></td><td></td></tr>
<tr><td>19</td><td></td><td></td></tr>
<tr><td>20</td><td></td><td></td></tr>
<tr><td>21</td><td></td><td></td></tr>
<tr><td>22</td><td></td><td></td></tr>
<tr><td>23</td><td></td><td></td></tr>
<tr><td>24</td><td></td><td></td></tr>
</table>

续表

<table>
<tr><td colspan="3">35kV 变电站送电倒闸操作票一
编号：××××××××××</td></tr>
<tr><td colspan="2" rowspan="2">单位：35kV 变电站</td><td>操作开始时间　年　月　日　时　分</td></tr>
<tr><td>操作终结时间　年　月　日　时　分</td></tr>
<tr><td colspan="3">操作任务：35kV 变电站送电倒闸操作</td></tr>
<tr><td>操作顺序</td><td>是否操作 √</td><td>操作项目</td></tr>
<tr><td>25</td><td></td><td></td></tr>
<tr><td>26</td><td></td><td></td></tr>
<tr><td>27</td><td></td><td></td></tr>
<tr><td>28</td><td></td><td></td></tr>
<tr><td>29</td><td></td><td></td></tr>
<tr><td>30</td><td></td><td></td></tr>
<tr><td>31</td><td></td><td></td></tr>
<tr><td>32</td><td></td><td></td></tr>
<tr><td>33</td><td></td><td></td></tr>
<tr><td>34</td><td></td><td></td></tr>
<tr><td>35</td><td></td><td></td></tr>
<tr><td>36</td><td></td><td></td></tr>
<tr><td>37</td><td></td><td></td></tr>
<tr><td>38</td><td></td><td></td></tr>
<tr><td>39</td><td></td><td></td></tr>
<tr><td>40</td><td></td><td></td></tr>
<tr><td>41</td><td></td><td></td></tr>
<tr><td>42</td><td></td><td></td></tr>
<tr><td>43</td><td></td><td></td></tr>
<tr><td>44</td><td></td><td></td></tr>
<tr><td>45</td><td></td><td></td></tr>
<tr><td>46</td><td></td><td></td></tr>
<tr><td>47</td><td></td><td></td></tr>
<tr><td colspan="3">备注：</td></tr>
<tr><td>操作人：</td><td>监护人：</td><td>值班负责人：</td></tr>
</table>

2. 35kV 两路进线供电转备用线路供电倒闸操作。

（1）前提条件：甲、乙线路为运行线路，丙线路为备用线路，处于热备用状态，系统处于运行状态。

（2）填写操作票（表 3-6）。

表3-6　35kV两路进线供电转备用线路供电倒闸操作操作票

<table>
<tr><td colspan="3">35kV 两路进线供电转备用线路供电倒闸操作操作票一
编号：×××××××××××</td></tr>
<tr><td colspan="2" rowspan="2">单位：35kV 变电站</td><td>操作开始时间　年　月　日　时　分</td></tr>
<tr><td>操作终结时间　年　月　日　时　分</td></tr>
<tr><td colspan="3">操作任务：35kV 进线运行线路由甲、乙线路转换为丙线路，且甲、乙转为冷备用</td></tr>
<tr><td>操作顺序</td><td>是否操作 √</td><td>操作项目</td></tr>
<tr><td>1</td><td></td><td></td></tr>
<tr><td>2</td><td></td><td></td></tr>
<tr><td>3</td><td></td><td></td></tr>
<tr><td>4</td><td></td><td></td></tr>
<tr><td>5</td><td></td><td></td></tr>
<tr><td>6</td><td></td><td></td></tr>
<tr><td>7</td><td></td><td></td></tr>
<tr><td>8</td><td></td><td></td></tr>
<tr><td>9</td><td></td><td></td></tr>
<tr><td colspan="3">备注：</td></tr>
<tr><td colspan="2">操作人：</td><td>监护人：　　　　　　值班负责人：</td></tr>
</table>

3. 35kV 变压器从运行状态转检修倒闸操作。

（1）前提条件：

① 35kV Ⅰ #M 运行、10kV Ⅰ #M 线运行，10kV 母联分断，Ⅰ # 主变运行。

② 10kV Ⅰ #M 各馈线处于冷备用状态。

（2）填写操作票（表 3-7）。

表3-7　35kV变压器从运行状态转检修倒闸操作操作票

<table>
<tr><td colspan="3">35kV 变压器从运行状态转检修倒闸操作操作票一
编号：××××××××××</td></tr>
<tr><td colspan="2" rowspan="2">单位：35kV 变电站</td><td>操作开始时间　年　月　日　时　分</td></tr>
<tr><td>操作终结时间　年　月　日　时　分</td></tr>
<tr><td colspan="3">操作任务：将 35kV Ⅰ # 主变由运行状态切换至检修状态</td></tr>
<tr><td>操作顺序</td><td>是否操作 √</td><td>操作项目</td></tr>
<tr><td>1</td><td></td><td></td></tr>
<tr><td>2</td><td></td><td></td></tr>
<tr><td>3</td><td></td><td></td></tr>
<tr><td>4</td><td></td><td></td></tr>
<tr><td>5</td><td></td><td></td></tr>
<tr><td>6</td><td></td><td></td></tr>
<tr><td>7</td><td></td><td></td></tr>
<tr><td>8</td><td>*</td><td>挂 1# 主变接地线</td></tr>
<tr><td>9</td><td>*</td><td>确定接地线与主变可靠接地</td></tr>
<tr><td colspan="3">备注：</td></tr>
<tr><td>操作人：</td><td>监护人：</td><td>值班负责人：</td></tr>
</table>

二、倒闸操作实操

（1）根据已填写的操作票进行倒闸操作，一人监护，一人操作。

（2）做好记录、录像。

（3）实施控制方案（2 课时）。

（4）请记录操作过程中遇到的问题及解决的方法（表 3-8）（0.5 课时）。

表3-8 操作情况记录表

遇到问题	解决方法

（5）按 7S 管理规范整理工作现场。

教学活动五　检查控制，任务验收

学习目标

1. 能如实记录任务完成情况；
2. 能有效展示项目工作成果；
3. 能合理评价工作任务完成情况。

学习场地

供配电学习工作站。

学习时间

4 课时。

教学过程

1. 各小组成员自行检查任务完成情况。

各小组成员根据录像自行检查操作过程是否合理，如何改进，并填写项目考核评分表 3-9。

表3-9 项目考核评分表

序号	考核内容		考核要求	评分标准	配分	自我评价10%	小组互（自）评40%	老师评价50%	综合成绩
1	职业素养	劳动纪律	按时上下课，遵守实训现场规章制度	上课迟到、早退、不服从指导老师管理，或不遵守实训现场规章制度扣1～7分	7				
		工作态度	认真完成学习任务，主动钻研专业技能，团队协作精神强	工作学习态度不端正，团队协作效果差扣1～7分	7				
		职业规范	遵守电工操作规程、规范及现场管理规定	1. 不遵守电工操作规程及规范扣1～6分 2. 不能按规定整理工作现场扣1～3分	6				
2	任务明细表填写		明确工作任务	任务明细表填写有错扣1～5分	5				
3	工作、学习计划制订		计划合理、可操作	计划制订不合理、可操作性差扣1～5分	5				
4	知识技能准备	基本知识	按要求正确完成倒闸操作流程	流程不合理扣2～10分	10				
		基本技能	按要求完成填写2#主变检修的倒闸操作票	2#主变检修的倒闸操作票填写错误扣1～10分	10				

续表

序号	考核内容		考核要求	评分标准	配分	自我评价 10%	小组互（自）评 40%	老师评价 50%	综合成绩
5	任务实施	填写操作票	1.35kV 变电站送电倒闸操作票	填写有错扣 1 ～ 5 分，不合理酌情扣分	5				
			2.35kV 两路进线供电转备用线路供电倒闸操作票	填写有错扣 1 ～ 5 分，不合理酌情扣分	5				
			3.35kV 变压器从运行状态转检修倒闸操作	填写有错扣 1 ～ 5 分，不合理酌情扣分	5				
		进行倒闸操作	遵照电力安全工作规程，在模拟盘上完成倒闸操作工作	1. 没有监护人扣 10 分 2. 操作过程没有拍视频扣 5 分 3. 损坏元件每件扣 5 分 4. 误操作报警一次扣 5 分	17				
		总结	对本次操作进行总结	1. 没有写出本次操作总结扣 1 ～ 5 分 2. 没有提出改进措施扣 1 ～ 5 分	10				
6	团队合作		小组成员互帮互学，相互协作	团队协作效果差扣 1～8分	8				
备注				合计	100				
				指导教师综合评价	指导老师签名：　　　　年　　月　　日				

2. 各小组长与指导老师一起验收 6 个小组的工作成果，记录小组任务完成的综合情况，并进行小组互评。

（1）个人任务实施项目分。根据个人任务完成情况按项目评分标准评分，取 6 个小组的平均分记入个人项目考核评分表“小组互评栏”。

（2）团队合作分。根据小组完成任务的综合情况评分（表3-10）。

表3-10　安装、调试任务小组完成情况记录表

项目工作内容	各小组完成情况						备注
	1组	2组	3组	4组	5组	6组	
35kV变电站送电倒闸操作							
35kV两路进线供电转备用线路供电倒闸操作							
35kV变压器从运行状态转检修倒闸操作							
工作现场整理							该两项未完成或不规范扣职业素养分
工作页填写							
团队合作成绩							

教学活动六　总结拓展

学习目标

1. 能客观分析完成任务过程中的收获与存在的问题，撰写项目学习总结；
2. 能编制其他操作票。

学习场地

供配电学习工作站。

学习时间

2课时。

教学过程

1. 学员撰写项目学习总结，总结要素包括：学习态度、在本项目中承担的主要工作及完成情况、收获、改进方向。

项目学习总结

____

____

____

____

2. 自选参考供电系统，编写倒闸操作票。

知识链接

一、变电站的倒闸操作的定义

电气设备由一种状态转变成另一种状态或由一种运行方式转换成另一种运行方式所要进行的有序操作叫倒闸操作。变电站的倒闸操作内容涉及了安全规程、技术规程、运行管理规程、继电保护技术规程、站内的保护投运情况、设备的结构、性能、运行方式、实际运行情况等内容，体现了变电站值班员的综合技能水平。变电站的电气设备可分为运行、热备用、冷备用、检修四种状态。倒闸操作遵循的基本规律就是按以下顺序转换状态：即设备停电时，其顺序为运行→热备用→冷备用→检修。设备供电时，其顺序相反。运行方式的改变是通过多台设备状态的改变来实现的。

（一）电气设备每个基本状态的内容

（1）运行：设备的刀闸及开关都在合上位置，保护和自动装置以及二次设备按规定投入，设备带有规定电压的状态。

（2）热备用：设备的开关断开，而刀闸在合上位置。此状态下如无特殊要求，保护均应在运行状态。

（3）冷备用：设备没有故障，也无安全措施，刀闸及开关都在断开位置，可以随时投入运行状态。

（4）检修：设备的所有开关、刀闸均断开，并装设接地线或合上接地刀闸的状态。

（5）运行方式：指站内电气设备主接线方式、设备状态及保护和自动装置等的运用情况。

（二）倒闸操作工作的重要性

倒闸操作是一项重要而复杂的工作，既有一次设备的操作也有二次设备的操作，少则两三步，多则上百步。其工作内容一般涉及正常修试、调整负荷及运行方式、消除缺陷、处理事故，贯穿于整个变电站的运行工作中。因此说倒闸操作的规范性和正确性不仅关系到电力系统的安全和稳定运行，还关系着电气设备上的工作人员与操作人员的安全。误操作的发生可能导致全站断电，严重时还会造成系统的崩溃。所以说，值班员要从思想上高度重视此项工作，为避免误操作的发生，保证操作的安全，除了紧急情况与事故处理，一般不在交接班和高峰期间安排倒闸操作，尽量安排在低谷段进行操作，避免对用电车间的影响及对厂内供电网络造成不必要的冲击。因为进行这些工作时，有的需要变换运行方式而进行倒换电气设备的一系列操作，在整个过程中稍有不慎将会出现断电、短路的事故，因此要求技术人员、管理人员、操作人员严格执行规章制度，尤其是管理和技术人员应带头执行和遵守规章制度。在操作中要思想集中，认真负责。

二、倒闸操作的类别

倒闸操作一般分为正常计划操作、事故状态操作与新设备投入操作三大类。

（一）倒闸操作的基本任务

（1）电气设备四种运行状态的互换。

（2）改变一次回路运行方式。

（3）二次回路上工作。

（4）事故和异常处理。

（5）继电保护及自动装置的投退和更改保护定值。

（6）直流系统的工作（切换、充放电）。

（二）倒闸操作的基本内容

（1）线路停送电操作。

（2）变压器停送电操作。

（3）母线倒换、停送电操作。

（4）发电机并网、解列操作。

（5）变压器合环、解列操作。

（6）继电保护及自动装置的投退操作。

（7）站用电、直流回路、二次回路的操作。

（三）做好倒闸操作前的思考工作

（1）了解清楚分厂 110kV 站及 10kV 站的运行方式及设备实际运行情况和生产工艺的要求。

（2）确定倒闸操作的类别。

（3）确定操作时设备的状态改变还是运行方式改变，制定的运行方式要安全、经济。

（4）遵循安全技术操作规程及倒闸操作的原则。安全措施到位，要求从技术措施与组织措施两个方面 100% 的做到。

（5）做好操作过程危险点的预知，进行分析制订详细的预控措施，防止意外发生。

（6）进行事故预想，从电气操作出现最坏情况出发，结合实际生产的情况，全面考虑按应急方案与应急处置方案的具体步骤执行。

（四）倒闸操作的原则

从实际生产情况出发，以“安全第一”为基本原则，本着保证生产车间用电及电气设备能安全、正常、经济运行为目的，遵循以下原则：①不发生误操作而出现断电或人为事故。②尽量不影响生产车间的用电或少影响生产车间的用电。③操作的顺序以先低压后高压，先负荷后电源，先停开关后拉刀闸，送电相反的顺序操作，严禁带负荷拉合隔离刀闸。③尽量不对系统造成扰动而影响系统的安全运行。④在无特殊要求和必要时不得将保护退出运行。⑤改变运行方式需要进行系统并、解列操作与变压器的合环、解列操作时要遵循国家电力规程中的规定条件。⑥事故状态下的操作要以“先拉后合再调整”为原则，严禁在不明情况与事故点不明确的情况下强行送电，避免造成二次事故，扩大断电范围。⑦遵循国家标准的安全与技术规程、运行管理规程，联系动力分厂的运行方式，公司生产工艺特点，动力分厂的运行规程与事故应急、紧急事故处置方案的规定。

（五）做好操作前的准备

（1）组织措施必须完备。

（2）绝缘工具准备齐全，并且在试验合格的有效期内。

（3）接地线与各种标示牌、护栏齐全。

（4）拟定操作的方案。

（5）填写操作票。

（6）进行模拟操作。

三、倒闸操作的要求

倒闸操作以“安全第一”为原则，从人身与设备安全的角度出发完成预定工作任务。因此，在实际的倒闸操作的过程中，根据公司生产工艺特点以及动力分厂供电系统运行的实际情况，在遵守国家安全与技术规程的前提条件下，对操作人员的技术水平、组织措施、技术措施三方面进行如下具体要求：

（一）对操作人员的技术要求

（1）熟知站内的一次主接线方式、设备名称及双重编号以及运行方式改变的操作方法与步骤。

（2）熟知本站的运行方式以及非正常运行方式。了解改变运行方式的操作要点，结合分厂供电系统的特点进行负荷调整、保护投退的操作。

（3）熟知站内一次设备的原理性能与操作方法。

（4）熟知站内继电保护投运情况。

（5）熟知安全规程、技术规程、运行规程以及分厂的措施与制度。

（6）熟练掌握安全用具的使用和注意事项。

（二）组织措施及一些规定的要求

（1）高压设备上工作的要求和安全措施：在高压设备上工作，至少由两人进行，并完成保证安全的组织措施（工作票制度，工作许可制度，工作监护制度，工作间断、转移和终结制度）和技术措施（停电、验电、接地、悬挂标示牌和装设遮栏）。

（2）电气设备上工作填用工作票的方式有：填用第一、二种工作票，带电作业工作票及机械工作检修单。

（3）填用第一种工作票的工作：①高压设备上工作需要全部停电或部分停电者。②二次系统和照明等回路上的工作，需要将高压设备停电或做安全措施者。③高压电力电缆需停电的工作。④其他工作需要将高压设备停电或做安全措施者。

（4）填用第二种工作票的工作：①控制盘和低压配电盘、配电箱、电源干线上的工作。②二次系统和照明等回路上的工作，无需将高压设备停电或做安全措施者。③转动中的发电机、同期调相机的励磁回路或高压电机转子电阻回路上的工作。④非运行人员用绝缘棒、核相器和电压互感器定相或用钳型电流表测量高压回路的电流。⑤大于安全规程距离的相关场所和带电设备外壳上的工作以及无可能触及带电设备导电部分的工作。

（5）工作票的填写和签发：①工作票应使用黑色或蓝色的钢（水）笔或圆珠笔填写与签发，一式两份，内容应正确，填写应清楚，不得任意涂改。如有个别错、漏字需要修改，应使用规范的符号，字迹应清楚。②用计算机生成或打印的工作票应使用统一的票面格式，由工作票签发人审核无误，手工签名后方可执行。工作票一份应保存在工作地点，由工作负责人收执；另一份由工作许可人收执，按值移交。工作许可人应将工作票的编号、工作任务、许可及终结时间记入登记簿。③一张工作票中，工作票签发人、工作负责人和工作许可人三者不得互相兼任。④工作票由工作负责人填写。

（6）对工作票的使用的规定：①一个工作负责人只能发一张工作票，工作票上所列的工作地点以一个电气连接部分（即配电装置的一个电气单元中，其中间用刀闸和其他电气部分作截然分开的部分）为限，如变压器及其两侧开关检修。②如果施工设备属于同一电压、位于同一楼层，同时停、送电，且不会触及带电导体时，则允许在几个电气连接部分使用一张工作票。但开工前工作票内的全部安全措施应一次完成。③若一个电气连接部分或一个配电装置全部停电，则所有不同地点的工作可以用一张工作票。④在几个电气连接部分上依次进行不停电的同一类型的工作，可以使用一张第二种工作票。在同一变电站内依次进行同一类型的带电作业，可以使用一张带电作业工作票。

（7）工作许可人的职责：①负责审查工作票所列安全措施是否正确、完备，是否符合现场条件。②负责检查工作现场布置的安全措施是否完善，必要时予以补充。③负责检查检修设备有无突然来电的危险。④对工作票所列内容即使发生很小疑问，也应向工作票签发人询问清楚，必要时应要求作详细补充。

（8）工作许可人怎样完成工作许可手续：①工作许可人负责完成施工现场的安全措施的布置。②会同工作负责人到现场再次检查所做安全措施，对具体的设备指明实际的隔离措施，证明检修设备确无电压。③对工作负责人指明带电设备的位置和工作过程中的注意事项。④和工作负责人在工作票上分别确认、签名。

（9）工作票的有效期与延期：①第一、二种工作票和带电作业工作票的有效时间，以批准的检修期为限。②第一、二种工作票需办理延期手续，应在工期尚未结束以前由工作负责人向运行值班负责人提出申请，由运行值班负责人通知工作许可人给予办理。第一、二种工作票只能延期一次，带电作业工作票不准延期。

（10）使用同一张工作票停送电的设备有：①属于同一电压、位于同一平面场所，工作中不会触及带电导体的几个电气连接部分。②一台变压器停电检修，其断路器也配合检修。③全站停电。

（11）工作票签发人的要求：工作票的签发人应是熟悉人员技术水平、熟悉设备情况、熟悉本规程，并具有相关工作经验的生产领导人、技术人员或经本单位（主管）分管生产领导批准的人员，工作票签发人员名单应书面公布。

（12）工作负责人（监护人）的要求：工作负责人（监护人）应是具有相关工作经验，熟悉设备情况和本规程，经工区（所、公司）生产领导书面批准的人员。工作负责人还应熟悉工作班成员的工作能力。

（13）工作负责人在现场的工作要求：①工作许可手续完成后，工作负责人、专责监护人应向工作班成员交待工作内容、人员分工、带电部位和现场安全措施，进行危险点告知，并履行确认手续，工作班方可开始工作。工作负责人、专责监护人应始终在工作现场，对工作班人员的安全认真监护，及时纠正不安全的行为。②工作负责人在全部停电时，可以参加工作班工作；在部分停电时，只有在安全措施可靠，人员集中在一个工作地点，不致误碰有电部分的情况下，方能参加工作。

（14）工作间断要求：工作间断时，工作班人员应从工作现场撤出，所有安全措施保持不动，工作票仍由工作负责人执存，间断后继续工作，无须通过工作许可人。每日收工，应清扫工作地点，开放已封闭的通道，并将工作票交回运行人员。次日复工时，应得到工作许可人的许可，取回工作票，工作负责人应重新认真检查安全措施是否符合工作票的要求，并召开现场站班会后，方可工作。若无工作负责人或专责监护人带领，作业人员不得进入工作地点。

（15）检修中如需向设备送电的要求：①全体工作人员撤离工作地点。②将该系统的所有工作票收回，拆除临时遮栏、接地线和标示牌，恢复常设遮栏。③应在工作负责人和运行人员进行全面检查无误后，由运行人员进行加压试验。④工作班若需继续工作时，应重新履行工作许可手续。

（16）组织措施中的倒闸操作制度。

①操作票制度：根据区调的调令，主值班员填写操作票并复诵核对工作任务与操作步骤或根据签发好的工作票由主值班员下令，副值班员填写操作票。

②模拟操作制度：填好操作票后区调下令，在下令过程中由主值班员复诵核对，副值班员根据工作票填写的内容，由主值班员审核无误后进行模拟操作。

③监护与唱票复诵制度：操作过程实行主值班监护复诵操作的制度，操作中主值班员唱票，副值班员复诵无误后操作。

④回检制度：每操作完一项，进行检查核对操作的正确性。

⑤汇报制度：区调下令的在操作完成后由主值班员向区调回令，工作票任务操作的，在完成操作后由副值班员在操作全部完成后向主值班员回令。

（三）技术措施及一些规定的要求

（1）电气设备上安全工作的技术措施：①停电。②验电。③接地。④悬挂标示牌和装设遮栏。

（2）相同基本原则的要求：①操作隔离刀闸前要确认断路器的位置。②设备在送电前必须将保护投入运行。③操作中不得将闭锁解除。④送电前将接地线或接地刀闸撤除。⑤操作前核对设备编号，防止误分误合。

注：倒闸操作都是围绕着先停开关后拉刀闸的顺序，严禁带负荷拉合隔离刀闸的基本原则，保证电气设备与工作人员的安全的。

四、不同性质倒闸操作的要求

（1）正常计划的倒闸操作要求：①倒闸操作必须由 2 人进行，主值班员监护，副值班员操作。严禁没有监护人员的命令私自操作，重要复杂的操作由分厂管理技术人员与主值班员共同监护操作。②操作前必须做好审查工作票、操作票的工作，操作前的准备工作，倒闸操作前的思考工作。③操作中执行好倒闸操作制度。④穿好防护用品，正确使用安全用具，尽量不在交接班期间进行操作。⑤严禁约时停送电。⑥操作中要考虑保护投退与自动装置配合。

（2）不开操作票，记录在值班日志的操作：①事故处理。②推拉一组隔离开关或一个断路器。③变压器由运行转为热备或由热备转运行。④拉合接地刀闸或拆除全厂仅有的一组地线。⑤投退保护或自动装置。

（3）单人操作：①恢复音响信号。②拉开危及人身及设备安全的设备电源。

（4）新装设备的操作：①各种试验已完成并合格，具有设备说明书及图纸。②具有设备的名称与编号，安全设施齐全，接地线全部拆除。③具有分厂制定的运行规程，事故处理细则。④具有分厂制定并下发的新设备投运的启动方案。⑤新设备的启动在上述 1 ～ 4

步准备齐全时，由专职负责人下令给新设备充电。⑥新设备充电必须使用有保护的断路器。⑦在新设备投运的 24 小时实施特殊巡检，巡检的内容按启动方案内容执行。

五、检修设备停电的要求

检修设备停电，应把各方面的电源完全断开，禁止在只经断路器（开关）断开电源的设备上工作。拉开隔离开关（刀闸），手车开关应拉至试验或检修位置，应使各方面有一个明显的断开点（对于有些设备无法观察到明显断开点的除外），若无法观察到停电设备的断开点，应有能够反映设备运行状态的电气和机械等指示。与停电设备有关的变压器和电压互感器，应将设备各侧断开，防止向停电检修设备反送电。

六、接地线的要求

接地线应由有透明护套的多股软铜线组成，其截面不得小于 25mm^2，同时应满足装设地点短路电流的要求，禁止使用其他导线作接地线或短路线。接地线应使用专用的线夹固定在导体上，禁止（严禁）用缠绕的方法进行接地或短路。

七、高压开关柜内手车开关拉出后应注意的事项

高压开关柜内手车开关拉出后，隔离带电部位的挡板封闭后禁止开启，如有工作应该设置“请勿靠近，高压危险”的标示牌。

八、设备停电后的间接验电

通过设备的机械指示位置、电气指示、带电显示装置、仪表及各种遥测、遥信等信号的变化来判断。判断时，应有两个及以上的指示，已同时发生对应变化，才能确认该设备已无电（即检查隔离开关（刀闸）的机械指示位置、电气指示、仪表及带电显示装置指示的变化，且至少应有两个及以上指示已同时发生对应变化）；若进行遥控操作，则应同时检查隔离开关（刀闸）的状态指示、遥测、遥信信号及带电显示装置的指示，进行间接验电。

九、电气设备倒闸操作的实施过程及要求

变电站的倒闸操作实施过程为：接受工作票（或调度令）—填写操作票—审核操作票及操作前的准备—模拟操作—实际操作—操作完毕后的检查—操作汇报。

变电站的倒闸操作工作由于现场操作人员工作经验不同，关注的重点也各有侧重，处理的结果也就不同。为保证倒闸操作的正确性，对不同电气设备操作进行如下具体要求。

断路器的操作要求：①没有保护与不能自动跳闸的断路器不能投入运行。②切断故障电源 4 次的断路器要退出运行，进行检修后方可投入运行。③除特殊情况外严禁使用手动分合闸。④断路器合闸操作后，如指示灯没有变化且操作前没有控制回路断线报警而合闸却已完成的，应断开直流回路进行检查。⑤断路器跳闸后，如红灯已灭，绿灯不亮，应切断直流回路。⑥断路器分合闸操作后要对机械位置进行检查，确认三相电流的平衡度。

⑦新投运的断路器要经试验合格后方可投运。

隔离开关的操作要求：①允许拉合无故障的 PT 和避雷器。②允许拉合变压器中性点的接地刀闸，但当中性点接有消弧线圈时，只有在系统没有接地故障时才可以进行。③允许拉合断路器在合位时的通路电路。④允许拉合励磁电流不超 2A 的空载变压器，电容电流不超 5A 的空载长线路。⑤允许拉合电压在 10kV 以下，电流为 70A 以下的环路均衡电流。

隔离刀闸的作用：①与断路器相配合改变运行方式。②检修时可以形成明显的断路点。

注意：断路器与隔离刀闸的操作是最基本的倒闸操作，检修时通过其操作可以将电气设备与电源隔离，并且用隔离刀闸可以形成明显的断路点，还可以改变运行方式。断路器与隔离刀闸的操作构成了倒闸操作中的最基本操作原则，即先停开关后拉刀闸，先拉负荷侧刀闸再拉电源侧刀闸，送电顺序相反。

PT 的倒闸操作要求：停用 PT 时应考虑保护和自动装置（若分厂的综保具有闭锁功能，可不用考虑保护与自动装置），并将二次保险空开或断开（若分厂的 PT 刀闸带有联动装置，手车带有行程开关可以断开二次，不必考虑此项操作）。① PT 二次并列时，需要将母联开关并列后方可进行并列操作。② PT 有故障时，应将 PT 退出运行，退出运行时要考虑刀闸允许操作的范围，特别是小电流系统 PT 发生接地故障时严禁用隔离刀闸将其退出运行。

电容器的倒闸操作要求：①投退应根据系统运行的情况而定，cos 小于 0.9 时投入运行，cos 大于 0.95 时退出运行。②正常情况下全站操作或整段母线操作时应先将电容器退出运行，再将其他设备停电，送电相反。③电容器组只有在停电 3 分钟后，电荷放尽后方可合闸送电。④电容器组电压 U 大于 $1.1U_e$，电流大于 $1.3I_e$ 时应退出运行。⑤室温大于 40℃，外壳温度大于 60℃时退出运行。

变压器的倒闸操作要求：①变压器的倒闸操作应保证系统及其他设备运行正常，防止操作过电压及误操作。②新变压器投运前要做好交接试验，遥测绝缘合格，空载运行前做好冲击试验，冲击 5 次，每次间隔不少于 10 分钟（大修 3 次）。空载运行 24 小时无问题后，带负荷投入运行。③停电先停负荷侧再停电源侧，送电相反。倒换变压器时，先将备用变压器投入运行，合好母联开关后再停待停变压器，恢复送电相反。④合母联开关并列变压器时要满足变压器并列运行的条件（接线组别相同，短路电压相同，电压比相等，容量比不超过 1/3）。⑤变压器的中性点隔离刀闸按区调度命令进行投退，其切换原则为保证电网不失去接地点，采用先合后拉的方法（先合接地刀闸，再拉工作接地的隔离刀闸），操作前要进行零序与间隙保护的切换。⑥变压器中性点接有消弧线圈的，应先退出后投入，不得将两台变压器的中性点同时接到一台消弧线圈的中性母线上。⑦变压器的停电倒闸操作必须从负荷与电源母线侧两处断开电源。⑧变压器并列、解列之前要充分考虑负荷分配问题。

线路停送电操作的要求：①单电源线路：先停线路电源开关，再拉负荷侧刀闸，后拉母线侧刀闸，供电的顺序相反。若分厂是手车开关柜，不必考虑刀闸的操作顺序。②双电源线路：按线路送电方向分别合母联开关，合环没有问题后，先拉负荷侧开关及刀闸，再拉电源侧开关及刀闸，然后电源侧验放电封地线，最后负荷侧验放电封地线，送电的顺序相反。

母线的倒闸操作要求：①合好母联开关，检查负荷分配。②将待停的母线负荷倒空。③停母联开关。④停电源开关。

注意：①母线停电的倒闸操作必须从母联开关与电源、负荷三个方面断开电源。②母线倒闸操作时，合闸时先合靠近母联的刀闸，再合开关，停时相反。③母线的倒闸操作关联了运行方式改变的问题，根据运行方式的不同，操作的步骤有一定的差异。

高压电机的倒闸操作要求：①停运一周的高压电机在投运前，要摇测绝缘合格后方可投入运行，数值不低于 10MΩ。②远方控制投退过程中，在合闸时，指示灯无转换时应断开直流电源；分闸时，指示灯全灭时应断开直流电源进行检查。③同步电机启动前应检查软启柜与励磁柜的指示正常后，方可通知远方启动。④高压电机的启动尽量躲开高峰期，焦炉气压缩机、氧压机等大容量电机启动时要注意变电站主变负荷、干熄焦发电机组在 10kV 系统中的比例份额。⑤高压电机冷态启动可连续启动 2 次，间隔不得少于 5 分钟，热态启动允许一次。

对新设备进行充电的要求：①对新设设备（大修设备）进行初充电，就是使新安装或大修后的设备，从不带电压到带有额定电压的过程。利用该过程可以检验设备的绝缘水平、机械强度、安装质量和保护装置的正确、可靠性等。②所有新投入的一次设备充电都必须用有保护的并且远离电源的开关进行。同时，严格监视被充电设备的充电情况，发现问题及时停电处理。③充电一般为 3 次。④新设备充电完毕转入正常运行，带负荷运行后进行特殊巡视 24 小时。

上述操作中有的只是改变了电气设备运行状态的操作，没有影响到运行方式的改变，只是一种单一设备的倒闸操作。但由于馈线单元、进线单元、主变、母线及某一电气单元的检修、试验、事故处理而进行的操作，因用户用电的实际情况需要改变运行方式的操作具有综合性被称为综合性倒闸操作。

综合性的倒闸操作因改变了运行方式，操作复杂，步骤多。操作时既要遵循单元操作的要求，还要遵循规程中的系统并列、主变并列等规定。并注意用隔离刀闸将电源侧与负荷侧分别断开，以防止反送电。

十、倒闸操作中应注意的其他事项

（1）验电的操作规定：①验电时，应使用相应电压等级且合格的验电器，在装设接地线或合接地刀闸处对各相分别验电，验电前应先确认验电器完好。②高压验电应戴绝缘手套。验电器的伸缩式绝缘棒长度应拉足，验电时手应握在手柄处不得超过护环，人体应与验电设备保持安全距离，雨雪天气时不得进行室外直接验电。③ 330kV 及以上的电气设备，可采用间接验电方法进行验电。④对无法直接验电的设备，可以进行间接验电，即检查刀闸的机械位置、电气指示、仪表及带电显示装置指示的变化，且至少应有两个及以上指示同时发生对应变化。若进行遥控操作，则应通过同时检查刀闸的状态指示、遥测、遥信信号及带电显示装置的指示进行间接验电。

（2）接地（装、拆接地线）的操作规定：①装、拆接地线一般应由两人进行，当验明设备确无电压后，应立即将检修设备接地并三相短路。②配电装置接地线应装设在该装置导电部分的规定地点，这些地点的油漆应刮去，并划上黑色标记。③装设接地线应先接接地端，后接导体端，接地线应接触良好，连接可靠，拆接地线的顺序与此相反。装、拆接地线均应使用绝缘棒和绝缘手套，人体不得碰触接地线或未接地的导线，以防感应电触电。④禁止使用其他导线作接地线或短路线，并严禁用缠绕的方法进行接地或短路。

（3）保护及自动装置的操作原则：①设备不允许无保护运行。变压器和重要线路不得无主保护运行。设备送电前，保护及自动装置应齐全，整定值正确，传动试验良好，压板按规定在投入位置。②倒闸操作中或设备停电后，如无特殊要求，一般不必操作保护或退出压板。如倒闸操作可能引起误动作，则必须先停用这些保护。③保护及自动装置投入时，应先投交流电源（电流、电压），后投直流电源，检查装置工作正常后再投入出口跳闸压板（投运保护压板时，要测量压板两侧的极性一致，操作时要注意防止碰到柜子外壳和其他压板，防止误操作发生保护误动）。

（4）取下开关控制保险的操作：①开关检修或其相关的一、二次及保护回路有检修工作。②在倒母线过程中拉、合刀闸前应取下母联开关的控制保险。③在保护故障的情况下，应取下被保护开关的控制保险。

电器设备试验

任务一 变压器试验

任务单

电力变压器是发电厂、变电站和用电部门最主要的电力设备之一，近年来，随着电力工业的发展，电力变压器的数量日益增多，用途日益广泛，而且其绝缘结构、调压方式、冷却方式等均在不断发展中，对电力变压器进行电气试验是保证电力变压器安全运行的重要措施。

实训要求学生在 10 个课时内完成电力变压器的绝缘电阻、直流电阻的测量。操作必须满足《变配电室值班电工国家职业标准》，测量完毕后必须保证电力变压器能够正常投入使用。

通过学习使学生掌握变压器绝缘电阻与接地电阻检测及故障处理、绕组直流电阻测量方法、步骤及注意事项。

学习目标

1. 能描述电力变压器停电检修的工作流程；
2. 能根据电力变压器的铭牌判定变压器的具体参数；
3. 能正确停运变压器；
4. 能使用仪器测量绝缘电阻、接地电阻、直流电阻；
5. 能根据测量结果正确判断电力变压器的故障；
6. 能严格按照作业规程进行测量操作；
7. 作业完毕后能进行自检，确保恢复变压器继续投入使用；
8. 能与老师同学有效沟通，有团队合作精神，有良好的职业习惯；
9. 能按 7S 要求清理工作现场。

学习与工作内容

1. 阅读工作任务单，明确任务要求；
2. 学习计划的制订方法，制订该任务的学习计划；
3. 学习电力变压器的铭牌内容、学习兆欧表、接地电阻表、直流双臂电桥的测量方法；
4. 完成变压器停电工作，并保证放电操作安全；

5. 完成直流电阻、接地电阻、绝缘电阻的测量，并记录数据；
6. 通过数据，分析变压器工作的故障状态；
7. 完成恢复电力电压器的运行；
8. 填写工作页相关内容；
9. 按 7S 标准清理工作现场。

学习时间

10 课时。

学习地点

供配电技术实训室。

教学资源

1.《工厂供配电技术》；
2.《电机学》；
3.《电工仪表及电气测量》；
4.《工厂供配电技术实训指导书》；
5.《变配电室值班电工国家职业标准》；
6. 变压器试验实训学生工作页；
7. 电力变压器、测量仪器、多媒体教学设备。

教学活动一　明确任务

学习目标

能阅读工作任务单，明确任务要求。

学习场地

供配电技术实训室。

学习时间

1 课时。

教学过程

1. 认真阅读任务单，明确本任务学习目标与任务要求，填写任务要求明细表（表 4-1）。

表4-1　任务要求明细表

项目名称	
工作内容	
完成时间	
工艺要求	
任务接受者签名	

2. 组长检查组内成员任务明细表填写情况并评分，成绩填入项目考核评分表内相应位置，满分 5 分。

教学活动二　制订计划

学习目标

1. 能根据任务要求制订工作计划（包括人员分工）；
2. 小组成员能团结协作，互帮互学，优化工作计划。

学习场地

供配电技术实训室。

学习时间

1 课时。

教学过程

1. 制定工作计划（表 4-2）。

表4-2　工作计划表

组长		小组成员			
工作内容			学习或工作方法	时间安排	任务接受者

续表

组长		小组成员			
工作内容			学习或工作方法	时间安排	任务接受者
学习及工作目标					

2. 组长检查组内成员工作计划表填写情况并评分，成绩填入项目考核评分表相应位置，满分 5 分。

教学活动三　工作准备

学习目标

1. 能选取并准备合适的工具及劳保用品；
2. 能正确检查工具及劳保用品的良好程度；
3. 能正确使用兆欧表；
4. 能正确使用接地电阻仪；
5. 能正确使用直流双臂电桥。

学习场地

供配电学习工作站。

学习时间

2 课时。

教学过程

一、自学教材与《工厂配电技术实训指导手册》

1. 自学《工厂配电技术实训指导手册》。

学习模块三“电气设备试验”中的项目一“变压器试验实训”（第 190 页）。

2. 学习《工厂供配电技术》（教材）。

3. 自学《电工仪表与电气测量技术》。

二、工具准备

1．将实训中所需要的工具填入表 4-3。

表4-3　工具列表

序号	名称	型号	数量
1			
2			
3			
4			
5			
6			
7			
8			
9			
10			

2. 将实训中所需要的劳保用品填入表 4-4。

表4-4　劳保用品列表

序号	名称	型号	数量
1			
2			
3			
4			
5			
6			
7			

续表

序号	名称	型号	数量
8			
9			
10			

3. 写出下列仪器、用品的检查、使用方法。

（1）直流双臂电桥。

（2）接地电阻表。

（3）兆欧表。

（4）绝缘手套。

（5）放电棒。

三、学习操作双臂电桥、接地电阻表、兆欧表

1. 利用双臂电桥测量铜丝的电阻。

R_1=____________Ω

R_2=____________Ω

2. 利用接地电阻表测量实训楼避雷引线的接地电阻。

3. 利用兆欧表测量三相异步电机的绝缘电阻（表 4-5）。

表4-5　绝缘电阻测量结果

相位	绝缘电阻	相位	绝缘电阻
U 相对地		U-V 相	
V 相对地		V-W 相	
W 相对地		W-U 相	

教学活动四　任务实施

学习目标

1. 能按规范进行电力变压器停电操作；
2. 掌握测量过程中的接线方法；
3. 正确记录所观察的数据；
4. 掌握电力变压器恢复供电的步骤及过程；
5. 通过数据，分析电力变压器的故障、状态；
6. 能按 7S 管理规范整理工作现场。

学习场地

供配电技术实训室。

学习时间

4 课时。

教学过程

一、实施方案（6 课时）

1. 电力变压器停电步骤：高压开关柜停电，挂上“有人工作、禁止合闸”的警示牌，设置围栏。

2. 电力变压器放电：用放电棒依次将电力变压器的高压侧、低压侧放电。

3. 测量绝缘电阻：用兆欧表测量绝缘电阻，并记录（表 4-6）。

4. 测量直流电阻：用直流双臂电桥测量直流电阻，并记录（表 4-6）。

5. 测量接地电阻：用接地电阻表测量接地电阻，并记录（表 4-7）。

6. 测量完毕，恢复变压器供电系统，根据 7S 现场标准清理实训现场。

表4-6　变压器试验报告单

变压器试验报告单

装置地点：______________　　试验性质：___交接___

一、铭牌数据

型号：__________　容量：________（kVA）

阻抗（%）：________　接法：__________

出厂号：

出厂日期：

制造厂：

额定电压 /V		额定电流 /A	
高压	低压	高压	低压

二、试验数据

1. 变压比：____________　误差：___±0.5___

	高压（32℃）					低压（32℃）	
位置	Ⅰ	Ⅱ	Ⅲ	Ⅳ	Ⅴ		
A-B						a-o	
B-C						b-o	
C-A						c-o	

2. 直流电阻：

3. 绝缘试验：绝缘电阻（32℃）　　高压对低压________MΩ

　（非被测试线圈均接地）　　高压对低地________MΩ

　　低压对高地________MΩ

4. 耐压试验：外施高压（1min）　　高压对低压及地___35___kV

　　低压对高压及地___3___kV

5. 感应耐压试验（30s）　　电压___200%___伏___200___Hz

6. 绝缘油电气强度___43.6___kV　　油号___DB-25___

7. 性能试验：空载损耗______W　　空载电流______%

　短路损耗（75℃）___6639___W　　阻抗压降（75℃）___4.25___%

8. 瓦斯继电器检查情况：

9. 使用测试仪器名称型号：升压器、直流电阻测试仪、绝缘摇表

结论：

主管：________审核：________试验员：________

表4-7　接地电阻测试报告

接地电阻测试报告

试验日期：________气候：________温度：__32__℃

装置地点：________试验性质：____交接____

设备接地电阻：

序号	项目	接地电阻 /Ω
1	变压器接地	
2		
3		
4		
5		
6		
7		
8		
9		
10		

试验仪器：____接地摇表____

结论：

主管：________　审核：________　试验员：________

想一想，三种电阻的测量方法有什么相同之处？又有什么不同之处？

二、故障判断

1. 通过绝缘电阻的测量，判断电力变压器是否有故障。

2. 通过直流电阻的测量，判断电力变压器是否有故障。

3. 通过接地电阻的测量，判断电力变压器是否有故障。

教学活动五　检查控制，任务验收

学习目标

1. 能如实记录任务完成情况；
2. 能有效展示项目工作成果；
3. 能合理评价工作任务完成情况。

学习场地

供配电技术实训室。

学习时间

1 课时。

教学过程

1. 各小组成员自行检查任务完成情况。

各小组成员运行调试安装完成的控制电路，观察并记录控制电路的工作情况，完成相关项目的自我评分，自评成绩记入自查表及项目考核评分表（表 4-8，表 4-9）。

表4-8　任务完成情况自查表

项目工作内容	完成情况	配分	自评分	备注
电力变压器停电、放电				
测量绝缘电阻				
测量直流电阻				
测量接地电阻				
电力变压器恢复供电				
工作现场整理				该两项未完成或不规范扣职业素养分
工作页填写				

表4-9　项目考核评分表

序号	考核内容		考核要求	评分标准	配分	自我评价10%	小组互（自）评40%	老师评价50%	综合成绩
1	职业素养	劳动纪律	按时上下课，遵守实训现场规章制度	上课迟到、早退、不服从指导老师管理，或不遵守实训现场规章制度扣1～7分	7				
		工作态度	认真完成学习任务，主动钻研专业技能，团队协作精神强	工作学习态度不端正，团队协作效果差扣1～7分	7				
		职业规范	遵守电工操作规程、规范及现场管理规定	1. 不遵守电工操作规程及规范扣1～6分 2. 不能按规定整理工作现场扣1～3分	6				
2	任务明细表填写		明确工作任务	任务明细表填写有错扣1～5分	5				
3	工作、学习计划制订		计划合理、可操作	计划制订不合理、可操作性差扣1～5分	5				
4	工作准备	基本知识	劳保用品、工具的准备	劳保用品、工具的准备有误扣1～5分	5				
		基本技能	检查工具、劳保用品良好	检查工具、劳保用品良好有误扣1～5分	5				

续表

序号	考核内容		考核要求	评分标准	配分	自我评价10%	小组互（自）评40%	老师评价50%	综合成绩
5	任务实施	电力变压器停电	根据步骤停电	停电步骤错误扣1～5分	5				
				指示牌悬挂、围栏设置错误扣1～2分	2				
		绝缘电阻的测量	绝缘电阻测量步骤正确、数据测量正确	1. 兆欧表检查错误扣1～4分 2. 步骤错误扣1～5分 3. 数据记录错误扣1～3分 4. 故障判断错误扣1～3分	12				
		直流电阻的测量	直流电阻测量步骤正确、数据测量正确	1. 双臂电桥检查错误扣1～4分 2. 步骤错误扣1～5分 3. 数据记录错误扣1～3分 4. 故障判断错误扣1～3分	12				
		接地电阻的测量	接地电阻测量步骤正确、数据测量正确	1. 接地电阻表检查错误扣1～4分 2. 步骤错误扣1～5分 3. 数据记录错误扣1～3分 4. 故障判断错误扣1～3分	12				
		电力变压器放电	根据步骤放电	放电步骤错误扣1～5分	5				
				指示牌悬挂、围栏设置错误扣1～2分	2				
6	团队合作		小组成员互帮互学，相互协作	团队协作效果差扣5分	5				
7	创新能力		能独立思考，有分析解决实际问题能力	完成拓展学习任务得5分，部分完成酌情加分	5				
备注				合计	100				
				指导教师综合评价	指导老师签名：　　　　年　　月　　日				

2. 各小组长与指导老师一起验收6个小组的工作成果，记录小组任务完成的综合情况，并进行小组互评：

（1）个人任务实施项目分。根据个人任务完成情况按项目评分标准评分，取6个小组的平均分记入个人项目考核评分表“小组互评栏”。

（2）团队合作分。根据小组完成任务的综合情况评分（表4-10）。

表4-10　安装、调试任务小组完成情况记录表

项目工作内容	各小组完成情况						备注
	1组	2组	3组	4组	5组	6组	
电力变压器停电、放电							
测量绝缘电阻							
测量直流电阻							
测量接地电阻							
电力变压器恢复供电							
工作现场整理							该两项未完成或不规范扣职业素养分
工作页填写							
团队合作成绩							

教学活动六　总结拓展

学习目标

1. 能客观分析完成任务过程中的收获与存在的问题，撰写项目学习总结；
2. 能设计难度与正反转、点动加连续控制相当的控制程序。

学习场地

供配电技术实训室。

学习时间

1 课时。

教学过程

1. 学员撰写项目学习总结，总结要素包括：学习态度、在本项目中承担的主要工作及完成情况、收获、改进方向。

项目学习总结

____

____

____

____

____

2. 学习变电站日常维护工作中，电力变压器检测的其他内容及方法。

任务二 电缆试验

任务单

电缆是电力系统中传输电能的设备，由一根或多根相互绝缘的导体和外包绝缘保护层制成，将电力或信息从一处传输到另一处的导线。电缆具有内通电，外绝缘的特征。对电缆进行电气试验是保证电缆正常传输电能、电力系统安全运行的重要措施。检查电缆两端相位一致并应与电网相位相符合，以免造成短路事故。

实训要求学生在 8 个课时内完成电力电缆的试验，保证线路正常使用。操作必须满足《变配电室值班电工国家职业标准》，测量完毕后必须保证电力电缆能够正常投入使用。

通过学习使学生能掌握电力电缆试验的方法、步骤及注意事项。

学习目标

1. 掌握电力电缆的结构；
2. 能描述电力电缆停电试验的工作流程；
3. 能使用仪器测量绝缘电阻；
4. 能掌握高压电缆绝缘电阻测量；
5. 能检查高、低压电缆相位；
6. 能严格按照作业规程进行测量操作；
7. 作业完毕后能进行自检，确保恢复变压器继续投入使用；
8. 能与老师同学有效沟通，有团队合作精神，有良好的职业习惯；
9. 能按 7S 要求清理工作现场。

学习与工作内容

1. 阅读工作任务单，明确任务要求；
2. 学习计划的制订方法，制订该任务的学习计划；
3. 学习电力电缆的类别、结构，学习兆欧表的测量方法；
4. 完成电力电缆的停电拆除工作，并接地、放电保证操作安全；
5. 完成绝缘电阻的测量，并记录数据；
6. 通过数据，检查电缆两端相位一致并应与电网相位相符合；
7. 完成电缆的恢复运行；
8. 填写工作页相关内容；
9. 按 7S 标准清理工作现场。

学习时间

18 课时。

学习地点

供配电技术实训室。

教学资源

1.《变配电室值班电工》；

2.《电工仪表与电气测量技术》（教材）；

3.《工厂供配电技术实训指导书》（校本教材）；

4.《变配电室值班电工国家职业标准》；

5. 电缆试验实训学生工作页；

6. 10kV 高压电缆一根、0.4kV 低压电缆一根、2500V 兆欧表一只、500V 兆欧表一只、数字万用表。

教学活动一　明确任务

学习目标

能阅读工作任务单，明确任务要求。

学习场地

供配电技术学习工作站。

学习时间

1 课时。

教学过程

1. 认真阅读任务单，明确本任务学习目标与任务要求，填写任务要求明细表（表 4-11）。

表4-11　任务要求明细表

项目名称	
工作内容	
完成时间	
工艺要求	
任务接受者签名	

2. 组长检查组内成员任务明细表填写情况并评分，成绩填入项目考核评分表内相应位置，满分 5 分。

教学活动二　制订计划

学习目标

1. 能根据任务要求制订工作计划（包括人员分工）；
2. 小组成员能团结协作，互帮互学，优化工作计划。

学习场地

供配电技术实训室。

学习时间

1 课时。

教学过程

1. 制订工作计划（表 4-12）。

表4-12　工作计划表

<table>
<tr><td>组长</td><td></td><td>小组成员</td><td colspan="3"></td></tr>
<tr><td colspan="3">工作内容</td><td>学习或工作方法</td><td>时间安排</td><td>任务接受者</td></tr>
<tr><td colspan="3"></td><td></td><td></td><td></td></tr>
<tr><td colspan="3"></td><td></td><td></td><td></td></tr>
<tr><td colspan="3"></td><td></td><td></td><td></td></tr>
<tr><td colspan="3"></td><td></td><td></td><td></td></tr>
<tr><td colspan="3"></td><td></td><td></td><td></td></tr>
<tr><td>学习及工作目标</td><td colspan="5"></td></tr>
</table>

2. 组长检查组内成员工作计划表填写情况并评分，成绩填入项目考核评分表相应位置，满分 5 分。

教学活动三　工作准备

学习目标

1. 能按要求正确选用工具及劳保用品；
2. 能按规范正确检查工具及劳保用品的良好程度；
3. 清楚电缆的结构组成；
4. 能正确使用兆欧表；
5. 熟悉电网三相电的基本知识。

学习场地

供配电技术学习工作站。

学习时间

2 课时。

教学过程

一、自学教材与《工厂配电技术实训指导手册》

1. 自学《工厂配电技术实训指导手册》。

学习模块三“电气设备试验项目”中的课题二“电缆试验实训”。

2. 学习《工厂供配电技术》。

3. 自学《电工仪表与电气测量技术》。

二、工具准备

1. 将实训中所需要的工具填入下面表格（表 4-13）。

表4-13　准备工具列表

序号	名称	型号	数量
1			
2			
3			

续表

序号	名称	型号	数量
4			
5			
6			
7			
8			
9			
10			

2. 将实训中所需要的劳保用品填入下面表格（表 4-14）。

表4-14　劳保用品列表

序号	名称	型号	数量
1			
2			
3			
4			
5			
6			
7			
8			
9			
10			

3. 小组派代表演示下列仪器、用品的检查、使用方法。

（1）兆欧表。

（2）绝缘手套。

（3）放电棒。

（4）万用表。

4. 写出三相交流电特点，并绘制波形图。

5. 绘制电力电缆的结构图，并叙述如何对绝缘电阻的测量结果进行分析、换算、判断。

三、练习万用表测量相序的方法

教学活动四　任务实施

学习目标

1. 掌握电缆停电的步骤及过程；
2. 掌握测量过程中的接线方法；
3. 正确记录所观察的数据；
4. 掌握电缆恢复供电的步骤及过程；
5. 通过数据，分析电缆的故障、状态；
6. 能按 7S 管理规范整理工作现场。

学习场地

供配电技术实训室。

学习时间

2 课时。

教学过程

一、测量分析主绝缘电阻（6 课时）

1. 绝缘电阻测量。

如图 4-1 所示为绝缘电阻测试原理接线图，测量时按以下步骤进行。

（1）断开被试品的电源，拆除或断开其对外的一切连线，并将其接地充分放电。挂上“有人工作、禁止合闸”的警示牌，设置围栏。

（2）用干燥清洁柔软的布檫净电缆头，然后将非被试相缆芯与铅皮一同接地，逐相测量。

（3）将兆欧表放置平稳，将兆欧表的接地端头“E”与被试品的接地端相连，带有屏蔽线的测量导线的火线和屏蔽线分别与兆欧表的测量端头“L”及屏蔽端头“G”相连接。

（4）接线完成后，先驱动兆欧表至额定转速（120 r/min），此时，兆欧表指针应指向“∞”，再将火线接至被试品，待指针稳定后，读取绝缘电阻的数值。

（5）读取绝缘电阻的数值后，先断开接至被试品的火线，然后再将兆欧表停止运转。

（6）将被试相电缆充分放电，操作应采用绝缘工具。

（7）橡塑电缆内衬层和外护套绝缘电阻测量。

（8）解开终端的铠装层和铜屏蔽层的接地线。

（9）测量完毕，恢复变压器供电系统，根据 7S 现场标准清理实训现场。

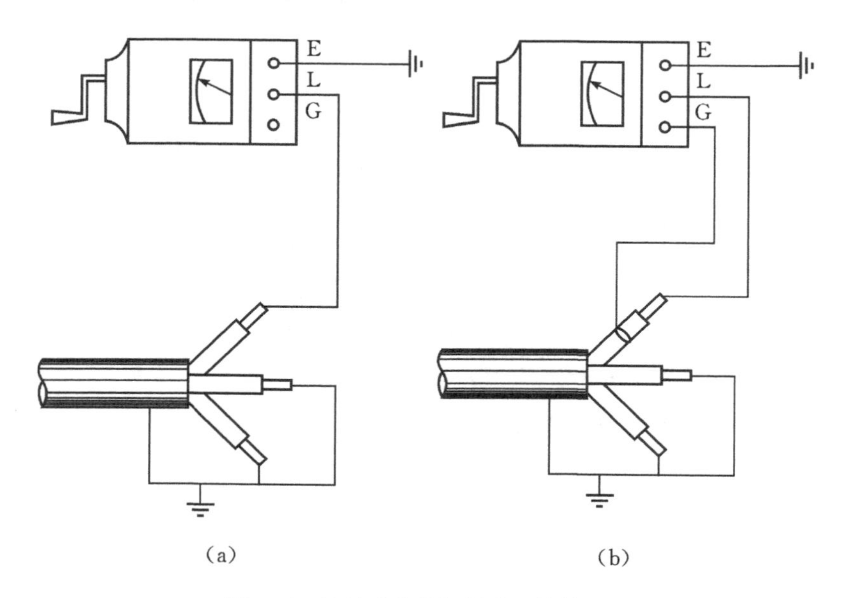

图 4-1　绝缘电阻测试原理接线图

注意事项：

（1）测量内衬层绝缘电阻时：将铠装层接地；将铜屏蔽层和三相缆芯一起短路（摇绝缘时接火线）；

（2）测量外护套绝缘电阻时：将铠装层、铜屏蔽层和三相缆芯一起短路（摇绝缘时接火线）；

（3）兆欧表接线端柱引出线不要靠在一起；

（4）测量时，兆欧表转速应尽可能保持额定值并维持恒定；

（5）被试品温度不低于 5℃，户外试验应在良好的天气下进行，且空气的相对湿度一般不高于 80%。

2. 测量结果分析。

运行中电缆，其绝缘电阻值应从各次试验数据的变化规律及相间的相互比较来综合判断。电力电缆的绝缘电阻值与电缆的长度和测量时的温度有关，所以应进行温度和长度的换算，公式为：

$$R_{i20}=R_{it}KL$$

式中，R_{i20} 表示温度为 20℃时的单位绝缘电阻值，MΩ/ km；

R_{it} 表示电缆，在温度为 t℃时的绝缘电阻值，MΩ；

L 为电缆长度，km；

K 为绝缘电阻温度换算系数，见表 4-15。

表4-15　绝缘电阻温度换算系数

温度 /℃	0	5	10	15	20	25	30	35	40
K	0.48	0.57	0.70	0.85	1.00	1.13	1.41	1.66	1.92

对纸绝缘电缆而言，如果是三芯电缆，测量绝缘电阻后，还可以用不平衡系数来判断绝缘状况。不平衡系数等于同一电缆各芯线的绝缘电阻值中最大值与最小值之比，绝缘良好的电缆，其不平衡系数一般不大于 2.5。油纸绝缘电缆及橡塑绝缘电缆绝缘电阻参考值见表 4-16、表 4-17。

表4-16　油纸绝缘电缆绝缘电阻参考值

额定电压 /kV	1 ~ 3	6	10	35
绝缘电阻 /MΩ	50	100	100	100

表4-17　橡塑绝缘电缆主绝缘电阻参考值

额定电压 /kV	3 ~ 6	10	35
绝缘电阻 /MΩ	1000	1000	2500

二、相位检查

1. 在电缆一端将某相接地，其他两相悬空，准备好以后，用对讲机呼叫电缆另一端准备测量。

2. 将万用表的档位开关置于测量电阻的合适位置，打开万用表电源，黑表笔接地，将红表笔依次接触三相，观察红表笔处于不同相时电阻值的大小（图 4-2）。

3. 当测得某相直流电阻较小而其他两相直流电阻无穷大时（此时表），说明该相在另一端接地，呼叫对侧做好相序标记（己侧也做好相同的相序标记）。

4. 重复步骤 1 ～ 3，直至找完全部三相为止，最后随即复查任意一相，确保电缆两端相序的正确。

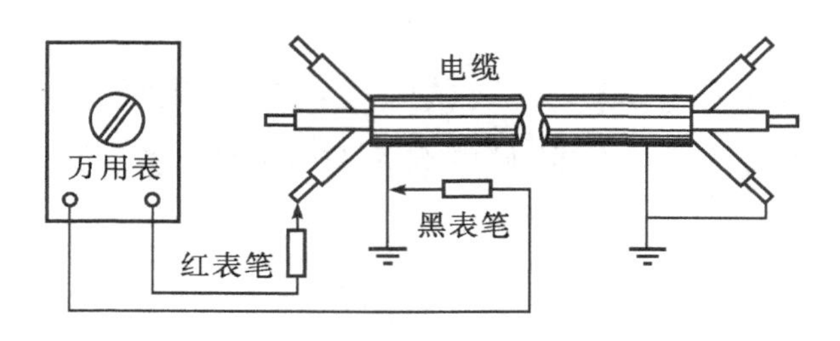

图 4-2　用万用表测量电缆相位接线图

三、故障判断

运行中电缆，其绝缘电阻值应从各次试验数据的变化规律及相间的相互比较来综合判断。

教学活动　检查控制，任务验收

学习目标

1. 能如实记录任务完成情况；
2. 能有效展示项目工作成果；
3. 能合理评价工作任务完成情况。

学习场地

供配电技术实训室。

学习时间

1 课时。

教学过程

1. 各小组成员自行检查任务完成情况。

各小组成员运行调试安装完成的控制电路，观察并记录控制电路的工作情况，并完成相关项目的自我评分，自评成绩记入自查表及项目考核评分表（表 4-18，表 4-19）。

表4-18　安装、调试任务完成情况自查表

项目工作内容	完成情况	配分	自评分	备注
电力变压器停电、放电				
测量绝缘电阻				
测量相位				
电力变压器恢复供电				
工作现场整理				该两项未完成或不规范扣职业素养分
工作页填写				

表4-19　项目考核评分表

序号	考核内容		考核要求	评分标准	配分	自我评价 10%	小组互（自）评 40%	老师评价 50%	综合成绩
1	职业素养	劳动纪律	按时上下课，遵守实训现场规章制度	上课迟到、早退、不服从指导老师管理，或不遵守实训现场规章制度扣 1 ～ 7 分	7				
		工作态度	认真完成学习任务，主动钻研专业技能，团队协作精神强	工作学习态度不端正，团队协作效果差扣 1 ～ 7 分	7				
		职业规范	遵守电工操作规程、规范及现场管理规定	1. 不遵守电工操作规程及规范扣 1 ～ 6 分 2. 不能按规定整理工作现场扣 1 ～ 3 分	6				
2	任务明细表填写		明确工作任务	任务明细表填写有错扣 1 ～ 5 分	5				
3	工作、学习计划制订		计划合理、可操作	计划制订不合理、可操作性差扣 1 ～ 5 分	5				

续表

序号	考核内容		考核要求	评分标准	配分	自我评价10%	小组互（自）评40%	老师评价50%	综合成绩
4	工作准备	基本知识	劳保用品、工具的准备	劳保用品、工具的准备有误扣1～5分	5				
		基本技能	检查工具、劳保用品良好	检查工具、劳保用品良好有误扣1～5分	5				
5	任务实施	电力变压器停电	根据步骤停电	停电步骤错误扣1～5分	6				
				指示牌悬挂、围栏设置错误扣1～2分	3				
		绝缘电阻的测量	绝缘电阻测量步骤正确、数据测量正确	1. 兆欧表检查错误扣1～4分 2. 步骤错误扣1～5分 3. 数据记录错误扣1～3分 4. 故障判断错误扣1～3分	16				
		测量相位	相位测量正确	1. 相位检查错误扣1～4分 2. 步骤错误扣1～5分 3. 数据记录错误扣1～3分 4. 故障判断错误扣1～3分	16				
		电力变压器放电	根据步骤放电	放电步骤错误扣1～5分	6				
				指示牌悬挂、围栏设置错误扣1～2分	3				
6	团队合作		小组成员互帮互学，相互协作	团队协作效果差扣5分	5				
7	创新能力		能独立思考，有分析解决实际问题能力	完成拓展学习任务得5分，部分完成酌情加分	5				

续表

<table>
<tr><th>序号</th><th>考核内容</th><th>考核要求</th><th colspan="2">评分标准</th><th>配分</th><th>自我评价 10%</th><th>小组互（自）评 40%</th><th>老师评价 50%</th><th>综合成绩</th></tr>
<tr><td rowspan="2">备注</td><td colspan="2" rowspan="2"></td><td colspan="2">合计</td><td>100</td><td></td><td></td><td></td><td></td></tr>
<tr><td>指导教师综合评价</td><td colspan="6">指导老师签名：　　　　年　　月　　日</td></tr>
</table>

2. 各小组长与指导老师一起验收6个小组的工作成果，记录小组任务完成的综合情况，并进行小组互评。

（1）个人任务实施项目分。根据个人任务完成情况按项目评分标准评分，取6个小组的平均分记入个人项目考核评分表“小组互评栏”。

（2）团队合作分。根据小组完成任务的综合情况评分（表4-20）。

表4-20　安装、调试任务小组完成情况记录表

<table>
<tr><th rowspan="2">项目工作内容</th><th colspan="6">各小组完成情况</th><th rowspan="2">备注</th></tr>
<tr><th>1组</th><th>2组</th><th>3组</th><th>4组</th><th>5组</th><th>6组</th></tr>
<tr><td>电缆停电、放电</td><td></td><td></td><td></td><td></td><td></td><td></td><td></td></tr>
<tr><td>测量绝缘电阻</td><td></td><td></td><td></td><td></td><td></td><td></td><td></td></tr>
<tr><td>测量相位</td><td></td><td></td><td></td><td></td><td></td><td></td><td></td></tr>
<tr><td>电缆恢复供电</td><td></td><td></td><td></td><td></td><td></td><td></td><td></td></tr>
<tr><td>工作现场整理</td><td></td><td></td><td></td><td></td><td></td><td></td><td rowspan="2">该两项未完成或不规范扣职业素养分</td></tr>
<tr><td>工作页填写</td><td></td><td></td><td></td><td></td><td></td><td></td></tr>
<tr><td>团队合作成绩</td><td></td><td></td><td></td><td></td><td></td><td></td><td></td></tr>
</table>

教学活动六　总结拓展

学习目标

1. 能客观分析完成任务过程中的收获与存在的问题，撰写项目学习总结；

2. 能设计难度与正反转、点动加连续控制相当的控制程序。

学习场地

供配电技术实训室。

学习时间

1 课时。

教学过程

1. 学员撰写项目学习总结，总结要素包括：学习态度、在本项目中承担的主要工作及完成情况、收获、改进方向。

项目学习总结

____

____

____

____

2. 电力电缆的试验项目，除了绝缘电阻的测试、相位分析，还包括哪些内容？

知识链接

一、兆欧表的使用方法

兆欧表又称绝缘电阻摇表，是一种测量高电阻的仪表，经常用它测量电气设备或供电线路的绝缘电阻值。是一种可携带式的仪表，兆欧表的表盘刻度以兆欧（MΩ）为单位。兆欧表的选用主要是选择其电压及测量范围，高压电气设备需使用电压高的兆欧表，低压电气设备需使用电压低的兆欧表。兆欧表在工作时，自身产生高电压，而测量对象又是电气设备，所以必须正确使用，否则就会造成人身或设备事故。一般选择原则是：500V 以下的电气设备选用 500 ～ 1000V 的兆欧表；瓷瓶、母线、刀闸应选用 2500V 以上的兆欧表。

兆欧表测量范围的选择原则是：要使测量范围适应被测绝缘电阻的数值，避免读数时产生较大的误差。如有些兆欧表的读数不是从零开始，而是从 1MΩ 或 2MΩ 开始，这种表就不宜适用于测定处在潮湿环境中的低压电设备的绝缘电阻。因为这种设备的绝缘电阻有可能小于 1MΩ，使仪表得不到读数，容易误认为绝缘电阻为零，而得出错误结论。

电阻量程范围的选择：摇表的表盘刻度线上有两个小黑点，小黑点之间的区域为准确测量区域，所以在选表时应使被测设备的绝缘电阻值在准确测量区域内。

1. 兆欧表使用前准备。

（1）测量前必须将被测设备电源切断，并对地短路放电，决不允许设备带电进行测量，以保证人身和设备的安全。

（2）对可能感应出高压电的设备，必须消除这种可能性后，才能进行测量。

（3）被测物表面要清洁，减少接触电阻，确保测量结果的正确性。

（4）测量前要检查兆欧表是否处于正常工作状态，主要检查其“0”和“∞”两点。即摇动手柄，使电机达到额定转速，兆欧表在短路时应指在“0”位置，开路时应指在“∞”位置。

（5）兆欧表引线应用多股软线，而且应有良好的绝缘。

（6）不能全部停电的双回架空线路和母线，在被测回路的感应电压超过 12V 时，或当雷雨发生时的架空线路及与架空线路相连接的电气设备，禁止进行测量。

（7）兆欧表使用时应放在平稳、牢固的地方，且远离大的外电流导体和外磁场。

2. 使用兆欧表测量电阻时的步骤。

①兆欧表的选择：主要是根据不同的电气设备选择兆欧表的电压及其测量范围。对于额定电压在 500V 以下的电气设备，应选用电压等级为 500V 或 1000V 的兆欧表；额定电压在 500V 以上的电气设备，应选用 1000 ～ 2500V 的兆欧表。

②测试前的准备：测量前将被测设备切断电源，并短路接地放电 3 ～ 5 分钟，特别是电容量大的，更应充分放电以消除残余静电荷引起的误差，保证正确的测量结果以及人身和设备的安全；被测物表面应擦干净，绝缘物表面的污染、潮湿，对绝缘的影响较大，而测量的目的是为了了解电气设备内部的绝缘性能，一般都要求测量前用干净的布或棉纱擦净被测物，否则达不到检查的目的；兆欧表在使用前应平稳放置在远离大电流导体和有外磁场的地方；测量前对兆欧表本身进行检查时。开路检查时，两根线不要绞在一起，将发电机摇动到额定转速，指针应指在“∞”位置；短路检查时，将表笔短接，缓慢转动发电机手柄，看指针是否到“0”位置，若“0”位或“∞”位达不到，说明兆欧表有故障，必须进行检修。

③接线：一般兆欧表上有三个接线柱，“L”表示“线”或“火线”接线柱；“E”表示“地”接线柱，“G”表示屏蔽接线柱。一般情况下，只需用有足够绝缘强度的单相绝缘线将“L”和“E”分别接到被测物导体部分和被测物的外壳或其他导体部分（如测相间绝缘）。在特殊情况下，如被测物表面受到污染不能擦干净、空气太潮湿或者有外电磁场干扰等，就必须将“G”接线柱接到被测物的金属屏蔽保护环上，以消除表面漏流或干扰对测量结果的影响。

④测量：摇动发电机使转速达到额定转速（120 r/min）并保持稳定。一般采用一分钟以后的读数为准，当被测物电容量较大时，应延长时间，以指针稳定不变时为准。

⑤拆线：在兆欧表没停止转动和被测物没有放电以前，不能用手触及被测物和进行拆线工作，必须先将被测物对地短路放电，然后再停止兆欧表的转动，防止电容放电损坏兆欧表。

⑥测量电机的绝缘电阻时，“E”端接电机的外壳，“L”端接电机的绕组。

测量电缆的绝缘电阻时兆欧表使用方法：兆欧表有三个接线柱，一个为“L”，一个为“E”，还有一个为“G”（屏蔽）。测量电力线路或照明线路的绝缘电阻时，“L”接被测线路上，“E”接地线；测量电缆的绝缘电阻时，为使测量结果精确，消除线芯绝缘层表面漏电所引起的测量误差，还应将“G”接到电缆的绝缘纸上。

3. 兆欧表使用注意事项。

（1）禁止在雷电时或高压设备附近测绝缘电阻，只能在设备不带电，也没有感应电的情况下测量。

（2）摇测过程中，被测设备上不能有人工作。

（3）摇表线不能绞在一起，要分开。

（4）摇表未停止转动之前或被测设备未放电之前，严禁用手触及。拆线时，也不要触及引线的金属部分。

（5）测量结束时，对于大电容设备要放电。

（6）要定期校验其准确度。

二、ZC-8 型接地电阻表的使用说明

1. 接地电阻的测量。

沿被测接地极“E”使电位探测针“P”和电流探测针“C”依直线彼此相距 20m，且电位探测针“P”插于接地极“E”和电流探测针“C”之间。用导线将“E”“P”“C”连于仪表相应的端钮，将仪表放置水平位置，检查检流计是否指在中心线上，否则可用调零器将其调整指于中心线。将“倍率标度”置于最大倍数，慢慢转动发电机摇把，同时旋动“测量标度盘”使检流计指针指于中心线。当检流计的指针接近平衡时，加快发电机摇把的转速，使其达到每分钟 120 转以上，调整“测量标度盘”使指针指于中心线上。如“测量标度盘”的读数小于 1 时，应将“倍率标度”置于较小标度倍数，再重新调整“测量标度盘”以得到正确读数。用“测量标度盘”的读数乘以“倍率标度盘”的倍数即为所测的接地电阻值。

2. 土壤电阻率的测量。

具有四个端钮的接地电阻表可以测量土壤电阻率。在被测区沿直线埋入地下 4 根棒，彼此相距 a cm，棒的埋入深度应不超过“a”距离的 1/20。打开 C2 和 P2 的联接片，用 4

根导线连接到相应探测棒上，测量方法与接地电阻的测量方法相同。所测电阻率为

$$P=2\pi aR$$

式中，R——接地电阻表读数（Ω）；

a——棒与棒间的距离（cm）；

P——该地区的土壤电阻率。

所得的电阻率，可近似认为是被埋入棒之间区域内的平均土壤电阻率。

3. 导体电阻的测量。

对于三个端钮的仪表，短接“P”“C”两端钮后，将被测电阻接“E”及“P”“C”间即可。对于四个端钮的仪表，将 C1、P1 及 C2、P2 短接，然后将被测电阻分别接在 C1、P1 和 C2、P2 间。

4. 使用注意事项。

（1）当检流计的灵敏度过高时，可将电位探测针插入土壤中浅一些。当检流计灵敏度不够时，可沿电位探测针和电流探测针注水湿润。当大地干扰信号较强时，可以适当改变手摇发电机的转速，提高抗干扰能力，以获得平衡读数。

（2）当接地极“E”和电流探测针“C”之间距离大于 40m 时，电位探测针“P”的位置可插在离开“E”“C”中间直线几米以外，其测量误差可忽略不计。当接地极“E”、电流探测针“C”之间的距离小于 40m 时，则应将电位探测针“P”插于“E”与“C”的直线中间。

（3）当用四钮端（0 ～ 1/10/100）Ω 规格的仪表测量小于 1Ω 的电阻时，应将 C2、P2 接线端钮的联接片打开，分别用导线连接到被测接地体上，以消除测量时联接导线电阻而产生的误差。

（4）仪表运输及使用时应小心轻放，避免剧烈震动，以防轴尖宝石轴承受损而影响指示。

（5）仪表保存于周围空气温度为 0 ～ 40℃，相对湿度不超过 85% 的地方，且在空气中不含有腐蚀性气体。

三、直流双臂电桥的使用

1. 适用范围及主要性能。

适合于工矿企业、实验室或车间现场，对低电阻值进行准确测量。如测量金属导体的导电系数、导线电阻、电机、变压器绕组的直流电阻值等。

（1）准确度等级：0.2 级。

（2）使用温度范围：5 ～ 45℃。

（3）测量范围：0.00001 ～ 11Ω（基本量限 0.01 ～ 11Ω）。

（4）内附晶体管电路以提高检流计灵敏度。

（5）电桥内电源为 1.5V 1# 电池 6 节并联；检流计电源为 9V 电池 1 只。

2. 电桥面板说明。

双臂电桥面板分布如图 4-3 所示，详细组成如下：

（1）电桥外接工作电源接线柱。

（2）晶体管检流计工作电源开关。

（3）检流计。

（4）检流计调零旋钮。

（5）检流计灵敏度调节旋钮。

（6）量程倍率读数开关。

（7）步进读数开关。

（8）滑线读数转盘。

（9）电桥电源按钮开关。

（10）检流计按钮开关。

（11）电流端接线柱。

（12）电位端接线柱。

图 4-3　双臂电桥面板分布

3. 操作方法。

（1）在电桥电池盒内，装入 1.5V 1# 电池 6 节和 1 节 9V 电池，注意电池极性要正确。如用外接直流电源 1.5 ～ 2V 时，电池盒内的 1.5V 电池应预先全部取出。

（2）“K1”开关扳到“通”位置，等稳定后，调节检流计指针在零位。

（3）灵敏度旋钮在中间位置。

（4）将被测电阻按四端连接在电桥相应的 C1、P1、P2、C2 的接线柱上。

（5）测量。

①估计被测电阻值大小，选择适当倍率位置。

②先按下“G”按钮，再按下“B”按钮；调节步进读数旋钮和滑线读数转盘，使检流计指针指在零刻度（如发现检流计灵敏度不够，应慢慢调节灵敏度旋钮增加其灵敏度，移动滑线盘 4 小格，检流计指针偏离零位约 1 格，就能满足测量要求。在改变灵敏度时，会引起检流计指针偏离零位，在测量之前，随时都可以调节检流计零位）。

③被测电阻按下式计算：

$$被测电阻值 = 倍率读数 \times（步进读数 + 滑线转盘读数）\Omega$$

（6）在测电感电路的直流电阻时，例如测量变压器高、低压绕组直流电阻时，应先按下“B”按钮，再按下“G”按钮；断开时，应先断开“G”按钮，后断开“B”按钮。

（7）测量 0.1Ω 以下阻值时，“B”按钮应间歇使用。

（8）电桥使用完毕后松开“B”按钮与“G”按钮，“K1”开关扳向“断”位置。

四、变压器试验

1. 绝缘电阻测量方法。

（1）接线方法：当测量高压线圈或低压线圈对外壳绝缘电阻时，兆欧表上的“线路”端子接高压线圈端或低压线圈端，“接地”端子接变压器外壳。当测量高压线圈对低压线圈绝缘电阻时，兆欧表上的“线路”端子接高压线圈端，“接地”端子接低压线圈端，同时将“屏蔽”端子接外壳。

（2）读取绝缘电阻的规定时间是，接上地线后，按 120 r/min 左右的速度转动兆欧表的手把，转动一分钟时的读数即为绝缘电阻值。对容量较小的变压器，只需几秒钟兆欧表的读数就能稳定下来而不再上升，所以对于小容量的变压器，就没有必要一定要摇到一分钟，只要能读出稳定的数值就行，而对于容量较大的变压器，才有必要摇到一分钟再读数。

（3）运行中的电力变压器绝缘电阻合格的标准是，在 20℃时，10kV 级及以下，大于 300MΩ；35kV 级，大于 400MΩ。

（4）电力变压器的绝缘电阻受湿度和温度的影响较大。湿度增加时，表面和内部吸收水分，泄露电流增大，绝缘电阻降低；温度升高时，带电质点因热运动加强而易导电，泄露电流增大，绝缘电阻降低。所以，在不同温度下所测量的绝缘电阻的阻值不同，温度越高，绝缘电阻越低。在不同的温度下，绝缘电阻不同。

2. 接地电阻测量方法。

1）测量前的准备工作

（1）应选在干燥的天气进行。

（2）测量前在采取必要的安全措施后，拆开变压器上与接地极的连接点。

（3）将两根长度分别不短于 500mm 的接地针分别插入地下，使它们不低于 400mm 深，尽量使接地极和两接地针在同一直线上，而且之间距离在 20m，然后用专用导线把绝缘电阻表上的三个端钮 E、P、C 分别连接到变压器的接地极和两个接地针上，要求 P

点在另一个接地针和变压器的接地极中间。

2）测量

（1）将绝缘电阻表水平放置，调整摇表调零旋钮，使表针在零位上。

（2）根据变压器所要求的接地电阻大小和现场的实际情况，将倍率开关放在合适的档位上，开始慢慢摇动绝缘电阻表，同时旋转电位器的刻度盘，使指针在零位上，随后加快，以 120 r/min 的转速摇动，并调整电位器旋钮，使指针稳定在零位，此时用刻度盘上的读数乘以倍率即为变压器接地极的接地电阻数值。

（3）当测量出的数值大于要求时，应找出原因，并尽快解决使之符合要求。

（4）当被测的数值小于 1Ω 时，为消除接线电阻和接触电阻的影响，应将绝缘电阻表上的两个端钮的连接片打开，分别用导线接到接地极上再进行测量。

3. 变压器绕组直流电阻的检测。

1）双臂电桥的测量步骤

测量前，首先调节电桥检流计机械零位旋钮，置检。

应用电桥平衡的原理测量绕组直流电阻的方法称为电桥法。常用的直流电桥有单臂电桥与双臂电桥两种。单臂电桥常用于测量 1Ω 以上的电阻，双臂电桥适宜测量准确度要求高的小电阻。

流计指针置于零位。接通测量仪器电源，具有放大器的检流计应操作调节电桥电气零位旋钮，置检流计指针于零位。

接入被测电阻时，双臂电桥电压端子 P1、P2 所引出的接线应比由电流端子 C1、C2 所引出的接线更靠近被测电阻。

测量前首先估计被测电阻的数值，并按估计的电阻值选择电桥的标准电阻 RN 和适当的倍率进行测量，使“比较臂”可调电阻各档充分被利用，以提高读数的精度。测量时，先接通电流回路，待电流达到稳定值时，接通检流计。调节读数臂阻值使检流计指零。被测电阻按下式计算：

$$被测电阻 = 倍率 \times 读数臂指示$$

如果需要外接电源，则电源应根据电桥要求选取，一般电压为 2 ～ 4V，接线不仅要注意极性正确，而且要接牢靠，以免脱落致使电桥不平衡而损坏检流计。

测量结束时，应先断开检流计按钮，再断开电源，以免在测量具有电感的直流电阻时，其自感电动势损坏检流计。选择标准电阻时，应尽量使其阻值与被测电阻在同一数量级，最好满足下列关系式：

$$0.1R_X < R_N < 10R_X$$

2）试验结果的分析判断

1.6MVA 以上变压器，各相绕组电阻相互的差别不应大于三相平均值的 2%，无中性点引出的绕组，线间差别不应大于三相平均值的 1%；1.6MVA 以下变压器，相间差别一般不大于三相平均值的 4%，线间差别一般不大于三相平均值的 2%；以前相同部位测得值比较，其变化不应大于 2%。

三相电阻不平衡的原因：分接开关接触不良，焊接不良，三角形连接绕组其中一相断线，套管的导电杆与绕组连接处接触不良，绕组匝间短路，导线断裂及断股等。

3）注意事项

不同温度下的电阻换算公式：

$$R_2=R_1（T+t_2）/（T+t_1）$$

式中，R_1、R_2 分别为在温度 t_1、t_2 时的电阻值；T 为计算用常数，铜导线取 235，铝导线取 225。

测试应按照仪器或电桥的操作要求进行，连接导线应有足够的截面，长度相同，接触必须良好（用单臂电桥时应减去引线电阻）。准确测量绕组的平均温度时，测量应有足够的充电时间，以保证测量准确；变压器容量较大时，可加大充电电流，以缩短充电时间。

五、电缆试验

（一）电缆主绝缘绝缘电阻测量

1. 测量步骤。

（1）断开被试品的电源，拆除或断开其对外的一切连线，并将其接地充分放电。

（2）用干燥清洁柔软的布檫净电缆头，然后将非被试相缆芯与铅皮一同接地，逐相测量。

（3）将兆欧表放置平稳，将兆欧表的接地端头“E”与被试品的接地端相连，带有屏蔽线的测量导线的火线和屏蔽线分别与兆欧表的测量端头“L”及屏蔽端头“G”相连接。

（4）接线完成后，先驱动兆欧表至额定转速（120 r/min），此时，兆欧表指针应指向“∞”，再将火线接至被试品，待指针稳定后，读取绝缘电阻的数值。

（5）读取绝缘电阻的数值后，先断开接至被试品的火线，然后再将兆欧表停止运转。

（6）将被试相电缆充分放电，操作应采用绝缘工具。

橡塑电缆内衬层和外护套绝缘电阻测量：

首先解开终端的铠装层和铜屏蔽层的接地线，再用干燥清洁柔软的布檫净电缆头。测量内衬层绝缘电阻时，将铠装层接地；将铜屏蔽层和三相缆芯一起短路（摇绝缘时接火线）；测量外护套绝缘电阻时，将铠装层、铜屏蔽层和三相缆芯一起短路（摇绝缘时接火线）。

2. 测量结果分析判断。

运行中电缆，其绝缘电阻值应从各次试验数据的变化规律及相间的相互比较来综合判断。电力电缆的绝缘电阻值与电缆的长度和测量时的温度有关，所以应进行温度和长度的换算，公式为：

$$R_{i20}=R_{it}K_L$$

式中，R_{i20} 表示温度为20℃时的单位绝缘电阻值，MΩ/km；R_{it} 表示电缆长度为 L，在温度为 t℃时的绝缘电阻值，MΩ；L 为电缆长度，km；K_L 为绝缘电阻温度换算系数，见表 4-21：

表4-21　绝缘电阻温度换算系数

温度 /℃	0	5	10	15	20	25	30	35	40
K_L	0.48	0.57	0.70	0.85	1.00	1.13	1.41	1.66	1.92

停止运行时间较长的地下电缆可以以土壤温度为准，运行不久的应测量导体直流电阻后计算缆芯温度，对于新电缆（尚未铺设）可以以周围环境温度为准。

表4-22　橡塑绝缘电缆主绝缘电阻参考值

额定电压 /kV	3 ～ 6	10	35
绝缘电阻 /MΩ	1000	1000	2500

表4-23　油纸绝缘电缆绝缘电阻参考值

额定电压 /kV	1 ～ 3	6	10	35
绝缘电阻 /MΩ	50	100	100	100

橡塑绝缘电缆的内衬层和外护套电缆绝缘电阻每千米不应低于 0.5MΩ（使用 500V 兆欧表），当绝缘电阻低于 0.5 MΩ/km 时，应用万用表正、反接线分别测量铠装层对地、屏蔽层对铠装层的电阻，当两次测得的阻值相差较大时，表明外护套或内衬层已破损受潮。橡塑绝缘电缆主绝缘电阻参考值见表 4-22。

对纸绝缘电缆而言，如果是三芯电缆，测量绝缘电阻后，还可以用不平衡系数来判断绝缘状况。不平衡系数等于同一电缆各芯线的绝缘电阻值中最大值与最小值之比，绝缘良好的电缆，其不平衡系数一般不大于 2.5。油纸绝缘电缆电阻参考值见表 4-23。

3. 注意事项。

（1）兆欧表接线端柱引出线不要靠在一起。

（2）测量时，兆欧表转速应尽可能保持额定值并维持恒定。

（3）被试品温度不低于 5℃，户外试验应在良好的天气下进行，且空气的相对湿度一般不高于 80%。

（二）相位检查

测量目的：检查电缆两端相位一致并应与电网相位相符合，以免造成短路事故。

该项目适用范围：交接时或检修后。

试验时使用的仪表（测量仪器）：数字万用表。

试验步骤；

① 在电缆一端将某相接地，其他两相悬空，准备好以后，用对讲机呼叫电缆另一端准备测量。

② 将万用表的档位开关置于测量电阻的合适位置，打开万用表电源，黑表笔接地，将红表笔依次接触三相，观察红表笔处于不同相时电阻值的大小。

③ 当测得某相直流电阻较小而其他两相直流电阻无穷大时（此时表），说明该相在另一端接地，呼叫对侧做好相序标记（己侧也做好相同的相序标记）。

④ 重复步骤 1 ～ 3，直至找完全部三相为止，最后随机复查任意一相，确保电缆两端相序的正确。

练习题

一、填空题

1. 兆欧表使用前要进行________试验、________试验。

2. 直流单臂电桥又称 ________，是一种专门用来精确测量 _____ 的电工测量仪器。

3. 兆欧表的手摇额定转速为 ______r/min，表的刻度 _______（是 / 否）均匀。

二、判断题

（　）1. 1 ～ 0.1MΩ 的电阻称为小电阻。

（　）2. 用直流单臂电桥测量一估计值为几百欧姆的电阻时，应 ×0.1 的比较臂。

（　）3. 测量 1Ω 以上的小电阻宜采用直流双臂电桥。

（　）4. 用兆欧表时，测量前要切断被测设备的电源，并接地进行放电。

（　）5. 用兆欧表测量时，摇动手柄应由慢渐快，若发现指针指零，说明被测绝缘物可能发生了短路，这时就不能继续摇动手柄，以减少测量误差。

三、选择题

1. 兆欧表屏蔽端钮的作用是（　）。

A. 屏蔽被测物体表面的漏电流　　B. 屏蔽外界干扰磁场

C. 保护兆欧表，以免其线圈被烧毁　　D. 屏蔽外界干扰电磁

2. 电桥的平衡条件是：电桥（　）相等。

A. 相对臂电阻值和　　B. 相临臂电阻值和

C. 相对臂电阻值积　　D. 相临臂电阻值积

3. 精确测量中电阻的阻值，应选用（ ）。

A. 万用表　　B. 兆欧表　　C. 单臂电桥　　D. 双臂电桥

4. 用直流单臂电桥测量一估算值为500Ω的电阻时，比例臂应选（ ）。

A.×0.1　　B.×1　　C.×10　　D.×100

5. 兆欧表上一般有三个接线柱，分别标有L（线路）、E（接地）和G（屏蔽）。其中L接在（ ）；E接在（ ）；G接在（ ）。

A. 被测物和大地绝缘的导线部分　　B. 被测物的屏蔽环上或不需测量的部分

C. 被测物的外壳或大地

四、问答题

1. 判断下面的电桥是否平衡？R_1=30Ω，R_2=15Ω，R_3=20Ω，R_4=10Ω。

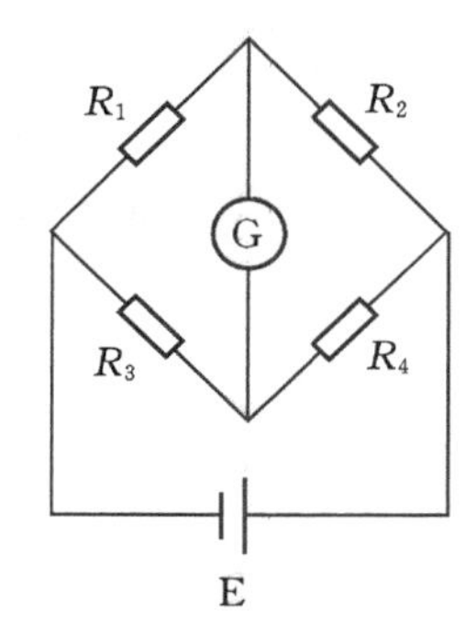

2. 一般兆欧表测量后，指针会自动回到零位吗？为何？

模拟工作平台检修

任务单

电力系统的运行是集发电、输电、配电、用电于一体并同时发生的工作环境。在电力系统中发生局部故障，整个电力系统运行就会受到干扰，如果处理不当，就会由局部故障发展成系统重大事故，给国民经济带来严重后果。在事故处理过程中，生产指挥人员的判断指挥能力，各个设备岗位值班人员的应变操作能力，各部门、各专业的团结协作精神，备品配件准备情况，检修人员的组织及检修手段实施，交通工具及通信联络等工作，均会在短时间内承受严峻考验。这种考验，尽管在平时技术培训中借助事故案例已进行学习，但未经过实际演练，有关人员就无法有切身体验。

通过在模拟工作平台上的模拟实战性质的演习，对锻炼上述各事项的执行、协调能力，是最有益的方法。

要求学生在模拟工作平台上完成：仿真变仿甲线 A 相金属性接地查找及处理工作；仿真变 35kV I 母线 TV 故障，全所停电故障处理工作；仿真变 10kV 仿 63 控制保险熔断，仿 A 线相间短路故障处理工作；仿真变 35kV 仿 A 线短路，仿 A 线保护拒动故障处理工作。

学习目标

1. 能描述故障处理的流程；
2. 能进行故障分析判断；
3. 能查找故障点；
4. 能按要求隔离故障；
5. 能按规范恢复送电；
6. 能与老师同学有效沟通，有团队合作精神，有良好的职业习惯；
7. 能按 7S 要求清理工作现场。

学习与工作内容

1. 阅读工作任务单，明确任务要求；
2. 学习故障处理的流程。

学习时间

18 课时。

学习地点

供配电学习工作站。

教学资源

1.《供配电实训指导书》；
2.《电力安全操作规程》；
3. THEEBG-1A 型模拟配电工作平台。

教学活动一　明确任务

学习目标

能阅读工作任务单，明确任务要求。

学习场地

供配电学习工作站。

学习时间

1 课时。

教学过程

1. 认真阅读任务单，明确本任务学习目标与任务要求，填写任务要求明细表（表 5-1）。

表5-1　任务要求明细表

项目名称		
事故处理的基本原则	1	
	2	
	3	
	4	
工作内容		
完成时间		
任务接受者签名		

2. 组长检查组内成员任务明细表填写情况并评分，成绩填入项目考核评分表内相应位置，满分 5 分。

教学活动二　制订计划

学习目标

1. 能根据任务要求制订工作计划（包括人员分工）；
2. 小组成员能团结协作，互帮互学，优化工作计划。

学习场地

供配电学习工作站。

学习时间

1 课时。

教学过程

1. 制订工作计划（表 5-2）。

表5-2　工作计划表

<table>
<tr><td>组长</td><td></td><td>小组成员</td><td colspan="3"></td></tr>
<tr><td colspan="3">工作内容</td><td>学习或工作方法</td><td>时间安排</td><td>任务接受者</td></tr>
<tr><td colspan="3"></td><td></td><td></td><td></td></tr>
<tr><td colspan="3"></td><td></td><td></td><td></td></tr>
<tr><td colspan="3"></td><td></td><td></td><td></td></tr>
<tr><td colspan="3"></td><td></td><td></td><td></td></tr>
<tr><td colspan="3"></td><td></td><td></td><td></td></tr>
<tr><td>学习及
工作目标</td><td colspan="5"></td></tr>
</table>

2. 组长检查组内成员工作计划表填写情况并评分，成绩填入项目考核评分表相应位置，满分 5 分。

教学活动三　工作准备

学习目标

1. 能按要求进行事故发生后的检查和汇报；
2. 明确事故处理有关规定；
3. 明确值班员可以自行处理的内容；
4. 清楚事故处理的顺序；
5. 知道事故处理的一般方法。

学习场地

供配电学习工作站。

学习时间

10课时。

教学过程

1. 事故发生后的检查和汇报的内容有哪些？

2. 事故时有关规定有哪些？

3. 值班员可以自行处理的内容是什么？

4. 事故处理的顺序。

5. 写出事故处理的一般方法。

线路事故处理方法：

母线故障处理方法：

教学活动四　任务实施

学习目标

1. 能胜任仿真变仿甲线 A 相金属性接地查找及处理工作；
2. 能胜任仿真变 35kV I 母线 TV 故障，全所停电故障处理工作；
3. 能胜任仿真变 10kV 仿 63 控制保险熔断，仿 A 线相间短路故障处理工作；
4. 能胜任仿真变 35kV 仿 A 线短路，仿 A 线保护拒动故障处理工作；
5. 能按 7S 管理规范整理工作现场。

学习场地

供配电学习工作站。

学习时间

12 课时。

教学过程

一、编写故障处理表

事故处理一：仿真变甲线 A 相金属性接地查找及处理（表 5-3）。

运行方式：仿甲线接 35kV I 母线，1# 主变接 35kV I 母线，10kV I 母运行，II 母冷备用。

表5-3　故障处理内容及步骤

故障现象	
分析判断故障	
汇报上级或调度内容	

续表

查找故障点步骤		
隔离故障操作步骤		
恢复送电步骤		

事故处理二：仿真变 35kV I 母线 TV 故障，全所停电故障处理（表 5-4）。

运行方式：仿甲线接 35kV I 母线为电源线，仿乙线和仿丙线为负荷线。

表5-4　35kV I母线TV故障处理步骤

故障现象	
分析判断故障	
汇报上级或调度内容	
查找故障点步骤	

续表

隔离故障操作步骤	
恢复送电步骤	

事故处理三：仿真变 10kV 仿 63 控制保险熔断，仿 A 线相间短路故障（表 5-5）。

运行方式：仿甲线接 35kV I 母线，1# 主变接 35kV I 母线，10kV I 母运行，II 母冷备用。

表5-5　10kV仿63控制保险熔断相间短路故障处理步骤

故障现象	
分析判断故障	
汇报上级或调度内容	
查找故障点步骤	
隔离故障操作步骤	
恢复送电步骤	

事故处理四：仿真变 35kV 仿 A 线短路，仿 A 线保护拒动故障（表 5-6）。

运行方式：仿甲线接 35kV I 母线，1# 主变接 35kV I 母线，10kV I、II 母并列运行，由 1# 主变供电。

表5-6　仿A线保护拒动故障处理步骤

故障现象	
分析判断故障	
汇报上级或调度内容	
查找故障点步骤	
隔离故障操作步骤	
恢复送电步骤	

二、事故处理过程

1. 根据已填写的操作流程进行操作，一人监护，一人操作。
2. 做好记录、录像。

3. 请记录操作过程中遇到的问题及解决的方法（表 5-7）。

表5-7　操作情况记录表

遇到问题	解决方法

4. 按 7S 管理规范整理工作现场。

教学活动五　检查控制，任务验收

学习目标

1. 能如实记录任务完成情况；
2. 能有效展示项目工作成果；
3. 能合理评价工作任务完成情况。

学习场地

供配电学习工作站。

学习时间

4 课时。

教学过程

1. 各小组成员自行检查任务完成情况。

各小组成员根据录像自行检查操作过程是否合理，如何改进。并完成相关项目的自我评分，自评成绩记入项目考核评分表（表 5-8）。

表5-8 项目考核评分表

序号	考核内容		考核要求	评分标准	配分	自我评价10%	小组互（自）评40%	老师评价50%	综合成绩
1	职业素养	劳动纪律	按时上下课，遵守实训现场规章制度	上课迟到、早退、不服从指导老师管理，或不遵守实训现场规章制度扣1～7分	7				
		工作态度	认真完成学习任务，主动钻研专业技能，团队协作精神强	工作学习态度不端正，团队协作效果差扣1～7分	7				
		职业规范	遵守电工操作规程、规范及现场管理规定	1. 不遵守电工操作规程及规范扣1～6分 2. 不能按规定整理工作现场扣1～3分	6				
2	任务明细表填写		明确工作任务	任务明细表填写有错扣1～5分	5				
3	工作、学习计划制订		计划合理、可操作	计划制订不合理、可操作性差扣1～5分	5				
4	知识技能准备	基本知识	按要求正确完成故障处理流程	流程不合理扣2～10分	10				
		基本技能	按要求完成填写工作准备的内容	工作准备的内容填写错误扣1～10分	10				

续表

<table>
<tr><th>序号</th><th colspan="2">考核内容</th><th>考核要求</th><th>评分标准</th><th>配分</th><th>自我评价10%</th><th>小组互（自）评40%</th><th>老师评价50%</th><th>综合成绩</th></tr>
<tr><td rowspan="7">5</td><td rowspan="7">任务实施</td><td rowspan="4">填写事故处理操作流程</td><td>仿真变仿甲线A相金属性接地查找及处理工作</td><td>填写有错扣1～5分，不合理酌情扣分</td><td>5</td><td></td><td></td><td></td><td></td></tr>
<tr><td>仿真变35kV I母线TV故障，全所停电故障处理工作</td><td>填写有错扣1～5分，不合理酌情扣分</td><td>5</td><td></td><td></td><td></td><td></td></tr>
<tr><td>仿真变10kV仿63控制保险熔断，仿A线相间短路故障处理工作</td><td rowspan="2">填写有错扣1～5分，不合理酌情扣分</td><td rowspan="2">5</td><td></td><td></td><td></td><td></td></tr>
<tr><td>仿真变35kV仿A线短路，仿A线保护拒动故障处理工作</td><td></td><td></td><td></td><td></td></tr>
<tr><td>进行事故处理操作</td><td>遵照电力安全工作规程，在模拟盘上完成事故处理操作工作</td><td>1. 没有监护人扣10分
2. 操作过程没有拍视频扣5分
3. 损坏元件每件扣5分
4. 误操作报警一次扣5分</td><td>17</td><td></td><td></td><td></td><td></td></tr>
<tr><td>总结</td><td>对本次操作进行总结</td><td>1. 没有写出本次操作总结扣1～5分
2. 没有提出改进措施扣1～5分</td><td>10</td><td></td><td></td><td></td><td></td></tr>
<tr style="display:none"></tr>
<tr><td>6</td><td colspan="2">团队合作</td><td>小组成员互帮互学，相互协作</td><td>团队协作效果差扣1～8分</td><td>8</td><td></td><td></td><td></td><td></td></tr>
<tr><td rowspan="2">备注</td><td colspan="3" rowspan="2"></td><td>合计</td><td>100</td><td></td><td></td><td></td><td></td></tr>
<tr><td>指导教师综合评价</td><td colspan="5">指导老师签名：　　　　年　　月　　日</td></tr>
</table>

2. 各小组长与指导老师一起验收6个小组的工作成果，记录小组任务完成的综合情况，并进行小组互评。

（1）个人任务实施项目分。根据个人任务完成情况按项目评分标准评分，取6个小组的平均分记入个人项目考核评分表“小组互评栏”。

（2）团队合作分。根据小组完成任务的综合情况评分（表5-9）。

表5-9　安装、调试任务小组完成情况记录表

项目工作内容	各小组完成情况						备注
	1组	2组	3组	4组	5组	6组	
仿真变仿甲线A相金属性接地查找及处理工作							
仿真变35kV I母线TV故障，全所停电故障处理工作							
仿真变10kV仿63控制保险熔断，仿A线相间短路故障处理工作							
仿真变35kV仿A线短路，仿A线保护拒动故障处理工作							
工作现场整理							该两项未完成或不规范扣职业素养分
工作页填写							
团队合作成绩							

教学活动六　总结拓展

学习目标

1. 能客观分析完成任务过程中的收获与存在的问题，撰写项目学习总结；
2. 能处理其他故障。

学习场地

供配电学习工作站。

学习时间

2 课时。

教学过程

学员撰写项目学习总结，总结要素包括：学习态度、在本项目中承担的主要工作及完成情况、收获、改进方向。

项目学习总结

____

____

____

知识链接

事故处理基本知识

一、事故处理的一般原则

1. 事故处理的基本原则。

尽快消除事故根源，限制事故的发展，解除对人身和设备的危害。

（1）首先设法保证所用电源。

（2）用一切可能的办法保持设备继续运行，以保证对用户的正常供电，并考虑对重要用户优先供电。

（3）尽快对停电的用户供电。

（4）将事故情况立即汇报当值调度员，听候处理。

2. 事故发生后的检查和汇报。

（1）当值值班负责人立即将事故简况（保护动作情况及开关跳闸情况，如江都变×××，×× 时 ×× 分，×××× 线故障，×××× 保护动作跳开 ×××、××× 开关，详细情况稍后汇报）汇报设备所辖当值调度员，在调度员的指挥下进行事故处理，同时立即汇报值长，由值长召集有关人员参与事故处理。

（2）详细记录事故异常的时间，光字牌显示的信号，继电器掉牌情况，开关跳闸情况和电流、电压及远方温度表的指示，认真查看录波器及记录仪打印记录，初步判断故障性质。未经核对及未得到值长的认可之前，暂时不要复归各种信号。

（3）立即到现场对设备进行检查，根据检查结果，进一步分析判断故障性质。将检查结果向当班各级调度、上级领导、所领导作详细汇报。

（4）事故处理时，值班员必须坚守岗位，集中注意力保持设备的正确运行方式，迅速正确地执行当值调度员命令，只有在接到当值调度员命令或对人身安全或设备安全有明显和直接的危险时，方可停止设备和运行或离开危险设备。

3. 事故时有关规定。

（1）如果事故发生在交接班过程中，交接班工作应立即停止，由交班人员负责事故的处理，接班人员可以协助处理，在事故处理未结束或上级领导未发令交接班之前，不得进行交接班。

（2）处理事故时，除当值人员和有关领导外，其他人不得进入事故地点和控制室，事前进入的人员应主动退出，不得妨碍事故处理。

（3）当值调度员是事故的指挥人，运行值长是现场事故处理的负责人。值长应迅速而无争辩地执行调度命令，并及时将事故象征和处理情况向当值调度员汇报，当值人员认为值班调度员命令有错误时，应予以指出并作出必要解释，如果值班调员确认自己的命令正确，变电所值班负责人应立即执行。如果值班调度员的命令直接威胁人身或设备安全，则无论在任何情况下，值班员均不得执行，此时应立即将具体情况汇报总工程师并按其指示执行。

（4）处理事故时，若变电所所长（或技术负责人）在场，应注意值班员处理过程，必要时可以帮助他们处理，但不得与调度员命令相抵触，若认为值班员不能胜任时，可以解除他们的职务，指定他人或代行处理，但事前必须与有关调度取得联系，并做好记录。

（5）处理事故时，必须迅速、准确、果断，不应慌乱，必须严格执行接令、复诵、汇报、录音和记录制度，使用统一的调度术语和操作术语。

（6）处理事故时，可以不使用工作票和操作票。但在隔离故障后，有足够时间执行工作票、操作票制度时，应严格执行。

4. 值班员可以自行处理的内容。

在下列情况下，当值人员可不经调度许可自行操作，结束后再汇报。

（1）对威胁人身或设备安全的设备停电。

（2）将已损坏的设备隔离。

（3）恢复所用电。

（4）确认母线电压消失，拉开连接在故障母线上的所有开关。

5. 事故处理的顺序。

（1）根据表计指示、光字信号、继电保护动作情况、动作掉牌和设备的外部象征判断事故全面情况。

（2）如果对人身或设备安全有威胁时，应立即解除这种威胁，必要时停止设备运行，反之，则应尽力保持或恢复设备的正常运行。应特别注意对未直接受到损坏的设备隔离，保证它们的正常运行。

（3）迅速检查和试验判明故障性质、地点及其范围。

（4）保持所有未受到损害的设备运行。

（5）为防止事故扩大，必须主动将事故处理的每一阶段迅速而正确地报告给当值调度员及所领导。

（6）认真监视表计、信号指示并做详细记录，所有电话联系均应录音，处理过程应作详细、准确记录。

二、事故处理的一般方法

1. 线路事故处理方法。

（1）线路开关跳闸，如馈供线路重合闸未投或重合闸未动作及重合闸动作开关拒合时，经检查本所可见范围内无明显故障和设备损坏的情况下，值班员可不待查明原因和调度员命令，进行强送电一次。

（2）开关跳闸后，经外部检查但未能查明原因，接当值调度员命令后，可进行强送（亦称为试送电），强送只能一次。

（3）强（试）送电开关跳闸次数必须尚未达到开关额定允许故障跳闸次数，开关情况良好且具有完备的继电保护。

（4）送电前应将动作的保护出口回路（掉牌）复位。

（5）强（试）送电操作，可以不用操作票，但应在运行日志和操作记录簿中详细记录。

（6）线路故障，开关跳闸后，不论重合闸是否成功，均应汇报当值调度员，并做好详细记录。

（7）500kV 线路跳闸至强送的时间间隔应在 15 分钟及以上。

2. 开关非全相运行处理方法。

（1）500kV、220kV 线路不允许非全相运行。当发现仅两相运行时，应立即遥控操作合闸该开关一次，恢复全相运行，不允许用旁路开关代非全相开关运行；若不能恢复，则立即拉开该线路开关，事后迅速报告当值调度员。当发现 500kV 线路二相开关跳闸，一相开关运行时，应立即自行拉开运行的一相开关，事后迅速报告当值调度员。

（2）220kV 线路如确认非全相系线路断线（不接地）引起，应立即拉开该线路开关，并汇报当值调度员，听候处理。

（3）在 500kV 正常运行方式下，当发生某一 500kV 开关非全相运行，且三相不一致保护未动作跳闸时，值班员应立即汇报有关调度当值调度员，听候处理。若无法与有关调度联系时，可以自行拉开非全相运行的开关，事后再作汇报。

（4）西门子开关若为开关三相不一致、压力总闭锁保护动作，应将有关开关操作箱内的 S4 解闭锁按钮复位，否则，开关无法进行合闸。

3. 开关偷跳处理方法

当 500kV 线路仅本侧开关偷跳（或非线路故障开关跳闸）后，若符合合环条件，则值班员应不必等待调度命令，迅速用同期并列方式进行合环，合上该开关，事后迅速报告当值调度员。

当无法满足合环条件时，则应汇报有关调度当值调度员，由其发令拉开对侧线路开关，避免500kV线路长时间充电运行。

4. 母线故障处理方法

母线故障的迹象是母线保护动作、开关跳闸及故障引起的声、光和信号等。如有母差保护未能跳开的故障母线上的开关，应立即将其拉开。当母线停电后，值班员应立即对停电的母线进行外部检查，查明原因后迅速汇报当值调度员，将故障母线上跳开的各路开关操作把手复位。检查母线保护动作情况，复归掉牌和信号。

上述工作完成后，在当值调度员的指挥下，进行如下工作：

（1）找到母线故障点迅速将其隔离，经当值调度员命令，对停电母线恢复供电。

（2）双母线中一段母线故障，应对故障母线上各分路元件进行详细检查，确认完好后，冷倒至非故障母线恢复供电。联络线必须经同期并列操作，严防非同期合闸。

（3）经检查找不到故障点时，应汇报调度要求用外来电源或母联开关对故障母线进行试送电。不允许对故障母线不经检查即强行送电，防止事故扩大。

（4）用母联开关或主变开关对故障母线试送电时，该开关必须性能完好，具有完备的继电保护和快速动作，母差或主变后备保护有足够的灵敏度。当用主变开关充故障母线时，其中性点必须接地良好。

（5）将上述故障及处理情况做详细记录，及时汇报所领导和上级部门领导。

5. 母线失电处理方法。

母线失电是指母线本身无故障而失去电源。一般是由于外部故障，该跳的开关拒动引起越级跳闸，或系统拉闸限电所致。

母线失电的现象：

（1）该母线电压指示回零。

（2）该母线的各出线及变压器负荷消失（电流表、功率表指示回零）。

（3）该母线所供、所用变失电。

母线失电处理：

当发现母线失电后，值班员应立即进行检查，并汇报当值调度员。当确定失电原因非本所母线或主变故障引起时，值班人员应迅速进行如下处理：

（1）拉开母联开关和分段开关，并在每段母线上保留一主电源开关（由调度确定），其他所有开关均拉开。

（2）检查本所有无拒动开关。若有发现，应将其隔离，并汇报当值调度员。

（3）母线失电，该母线压变仍保持运行状态，不应拉开（该压变故障除外）。

6. 系统解列事故处理方法。

联络线开关跳闸，如开关两侧均有电压，并具备并列条件时，值班员无须等待调度命令，可自行采用同期并列装置，恢复开关运行，同时汇报当值调度员。

系统解列后，在系统故障情况下，为加速同期并列，允许经长距离输电线路联络的两个系统电压相差20%，频率相差0.5Hz进行同期并列。

7. 系统振荡事故处理方法。

系统振荡的现象：变压器及联络线的电流表、功率表周期性地剧烈摆动，各点电压也摆动，振荡中心的电压波动最大，并周期性降到零。失去同期的发电厂间联络线的输送功率往返摆动，虽有电气联系，但送端部分系统的频率升高，而受端部分系统的频率降低并略有摆动，白炽照明灯随电压波动而一明一暗。

系统振荡时，值班员应密切监视盘表的变化，防止事故的扩展。在调度命令下进行必要的解列操作和紧急拉路。

8. 通信中断时的事故处理方法。

通信中断是指全所对外无法用电话进行联系。

通信中断，线路故障跳闸的处理：

220kV馈供线路重合闸未投或未动作，若开关次数允许，值班员应立即强送一次，强送不成，将开关转为冷备用。

除馈供线路500kV、220kV线路故障三相跳闸后，均不得自行强送电，值班员应将开关改为冷备用。

9. 通信中断，母线故障停电的处理方法。

220kV双母线运行中一段母线故障，可将故障母线上的完好元件冷倒至正常运行母线恢复供电。同时检查故障母线，找出故障点并将其隔离后，用母联（分段）或主变开关对该母线试充电，成功后可恢复双母线运行。否则，不得对故障母线送电，等候处理。

母线恢复送电时，值班员均不对停电的电源联络线自行送电。

500kV任一段母线故障，并不影响线路供电，值班员应设法找出故障点将其隔离，等候处理。

10. 通信中断，母线失电的处理方法。

220kV双母线运行，一段母线失电，可将失电母线上的完好馈供负荷冷倒至运行母线上供电，但应考虑输变电元件（线路、变压器）的潮流及电压水平等情况。失电母线上除保留一主电源开关（由调度明确的），其他所有开关全部拉开。

220kV双母线全部失电，可按通信正常时的规定处理。

通信过程中发生通信中断，可将项任务操作结束，未接令的任务不得操作。

通信中断时发现系统电压超过电压曲线规定范围时，可自行投切低抗，使电压调至规定范围。

通信联系接通后，应将中断时间内的全部运行情况汇报当值调度员。

低压供配电系统设计

任务单

企业供配电系统是整个电力系统的重要组成部分，它是在企业内部接受、变换、分配和消耗电能的供配电系统。车间变电所将 6 ～ 10kV 的电源电压变换为220/380V 的电压，由 220/380V 低压配电装置分别送至各个场所。

某机械厂各车间供配电要求如表 6-1 所示，请各小组根据机械厂供配电要求设计工厂总配电所及各车间变电所，设计完成的供配电系统能够体现安全、可靠、灵活、经济的原则，符合《供配电系统设计规范》GB50052—2009，《低压配电设计规范》GB50054—2011。

表6-1　车间负荷情况一览表

编号	名称	类别	设备容量 P_e/kW	需要系数 K_d	$\cos\varphi$	$\tan\varphi$	计算负荷			
							P_C/kW	Q_C/kvar	S_C/kV·A	I_C/A
1	锻压车间	动力	270	0.35	0.75	0.88				
2	铸造车间	动力	159	0.65	0.75	0.88				
3	金工车间	动力	163	0.35	0.65	1.17				
4	工具车间	动力	80	0.35	0.65					
5	电镀车间	动力	231	0.62	0.75	0.88				
6	热处理车间	动力	225	0.6	0.75	0.88				
7	装配车间	动力	175	0.72	0.65	1.17				
8	机修车间	动力	75	0.35	0.65					
9	锅炉房	动力	89	0.75	0.75	0.88				
10	仓库	动力	15	0.4	0.75	0.88				

任务要求：

根据机械厂供配电要求设计车间变电所及低压配电系统，设计完成的供配电系统能够体现安全、可靠、灵活、经济的原则，符合《供配电系统设计规范》GB50052—2009。

学习目标

1. 熟悉工厂变配电所的电气设备选择方法及运行维护要求；
2. 能计算供配电系统的负荷及短路电流，正确选择供配电系统器件；
3. 能合理选择配电所主变压器与主接线方案，完成配电所主接线设计；
4. 能根据设计要求，正确选择电器防雷与接地方案；
5. 能根据工程实际进行工厂配电系统的设计；
6. 能与老师同学有效沟通，有团队合作精神，有良好的职业习惯。

学习与工作内容

1. 阅读工作任务单，明确任务要求；
2. 学习计划的制订方法，制订项目六的学习计划；
3. 学习供配电系统设计的基本常识；
4. 完成各车间负荷与变电所总负荷计算；
5. 完成短路电流计算；
6. 选择配电所主变压器与主接线方案，完成配电所主接线设计，画出主接线图；
7. 完成变电所一次设备的选择与校验；
8. 学习防雷与接地保护知识，设计防雷与接地系统；
9. 填写工作页相关内容。

学习时间

36 课时。

学习地点

供配电学习工作站、多媒体教室。

教学资源

1.《工厂变配电技术》学习工作页；
2.《工厂配电技术实训指导书》；
3.《工厂变配电技术》；

4.“工厂变配电技术”教学演示文稿；
5.“工厂变配电技术”教学微课。

教学活动一　明确任务

学习目标

能阅读工作任务单，明确任务要求。

学习场地

供配电学习工作站。

学习时间

1 课时。

教学过程

1. 认真阅读任务单，明确本任务学习目标与任务要求，填写任务要求明细表（表 6-2）。

表6-2　任务要求明细表

项目名称	
任务要求	
工作与学习内容	
完成时间	

2. 组长检查组内成员任务明细表填写情况并评分，成绩填入项目考核评分表内相应位置，满分 5 分。

教学活动二　制订计划

学习目标

1. 能根据任务要求制订工作计划（包括人员分工）；
2. 小组成员能团结协作，互帮互学，优化工作计划。

学习场地

供配电学习工作站。

学习时间

1 课时。

教学过程

1. 制订工作计划（表 6-3）。

表6-3　工作计划表

工作内容	时间安排（课时）	任务接受者
学习供配电系统设计的基本知识		所有成员
车间负荷与变电所总负荷计算		
变电所一次设备的选择与校验		
变电所主接线设计		
防雷与接地系统设计		
车间照明电路设计		
总体方案讨论修订		所有成员

2. 老师检查小组工作计划表填写情况并评分，成绩填入项目考核评分表相应位置，满分 5 分。

教学活动三　工作准备

学习目标

1. 熟悉工厂变配电所的电气设备选择方法及运行维护要求；
2. 能计算供配电系统的负荷，正确选择供配电系统器件；
3. 能根据设计要求，正确选择电器防雷与接地方案；
4. 能根据设计要求，合理选用工厂电气照明方案；
5. 能与老师同学有效沟通，有团队合作精神，有良好的职业习惯。

学习场地

供配电学习工作站。

学习时间

12 课时。

教学过程

一、课外自学项目六知识链接中供配电系统设计案例

二、课内学习（12 课时）

（一）电力负荷及负荷曲线

1. 简述什么是电力负荷。

2. 电力负荷是如何分级的？各级负荷对电源的要求如何？

3. 图 6-1 所示是什么曲线？日最大负荷是多少？

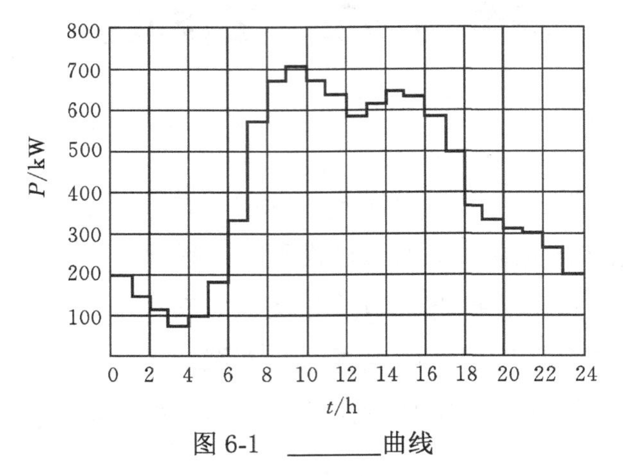

图 6-1 ______曲线

4. 什么是年最大负荷？什么是年最大负荷利用时间？

5. 什么是计算负荷？正确确定计算负荷有何意义？

6. 计算负荷的需要系数由哪些因数决定？

（二）负荷计算

1. 学一学忽略损耗时供配电线路负荷计算的方法与步骤。

例 1:（单组负荷计算）已知机修车间的金属切削机床组，拥有电压为380V的三相电机: 7.5kW，3 台；4kW，8 台；3kW，17 台；1.5kW，10 台。试求其计算负荷。

负荷计算方法与步骤：

（1）计算机床组总容量。

$P_{\Sigma N}=7.5\times3+4\times8+3\times17+1.5\times10=120.5\text{kW}$

（2）从附录查需要系数 K_d、$\cos\varphi$、$\tan\varphi$。

查表取 $K_d=0.2$，$\cos\varphi=0.5$，$\tan\varphi=1.73$

（3）计算 P_C、Q_C、S_C、I_C。

有功计算负荷：$P_C=0.2\times120.5=24.1\text{kW}$

无功计算负荷：Q_C=24.1×1.73=41.7kvar

视在计算负荷：S_C=24.1/0.5=48.2kV·A

计算电流：I_C=48.2/（3×0.38）=73.2A

练习：（多组负荷计算）某机修车间380V线路，接有金属切削机床电机20台，共50kW（其中较大容量电机有7.5kW，1台；4kW，3台；2.2kW，7台），通风机2台，共3kW；电阻炉1台，2kW。试确定此线路上的计算负荷。

负荷计算方法步骤：

（1）各小组用例1的方法求各组的计算负荷。

金属切削机床组：P_{C1}=　　，Q_{C1}=

通风机组：P_{C2}=　　，Q_{C2}=

电阻炉：P_{C3}=　　，Q_{C3}=

（2）车间总的计算负荷。

$P_C=K_{\Sigma P}\sum_{n=1}^{3}P_{Cn}=0.95(P_{C1}+P_{C2}+P_{C3})=$

$Q_C=K_{\Sigma q}\sum_{n=1}^{3}Q_{Cn}=0.95(Q_{C1}+Q_{C2}+Q_{C3})=$

$S_C=\sqrt{P_C^{\,2}+Q_C^{\,2}}=$

$I_C=\dfrac{S_C}{\sqrt{3}\,U_N}=$

想一想：$K_{\Sigma P}$、$K_{\Sigma q}$的含义是什么？配电干线中设备组的有功功率同时系数一般取0.8～0.9，变电站总计算负荷一般取0.85～1；配电干线中设备组的无功功率同时系数一般取0.93～0.97，变电站总计算负荷一般取0.95～1。

例2：计算某380V供电干线的尖峰电流，该干线向3台机床供电，已知3台机床电机的额定电流和启动电流倍数分别为I_{N1}=5A，K_{st1}=7；I_{N2}=4A，K_{st2}=4；I_{N3}=10A，K_{st3}=3。

想一想：计算尖峰电流的目的是什么？如何计算？

尖峰电流计算的方法步骤：

（1）计算各机床电机启动电流与额定电流的差值。

$(K_{st1}-1)\times I_{N1}=(7-1)\times 5=30A$

$(K_{st2}-1)\times I_{N2}=(4-1)\times 4=12A$

$(K_{st3}-1)\times I_{N3}=(3-1)\times 10=20A$

（2）计算供电线路的尖峰电流。

$I_{pk}=I_C+(I_{st}-I_N)_{max}=K_d\sum I_N+(I_{st}-I_N)_{max}=0.15\times(5+4+10)+30=32.85A$

例3：某工厂10/0.4kV的车间变电所低压侧的视在功率S_{C1}为800kV·A，无功计算负荷Q_C为540kvar。现要求车间变电所高压侧功率因数不低于0.9，如果在低压侧装设自动补偿电容器，问补尝容量需多少？补偿后车间总的视在计算负荷（高压侧）降低了多少？

（1）补偿前的功率因数。

低压侧的有功计算负荷：

$$P_{C1}=\sqrt{S_C^2-Q_{C1}^2}=\sqrt{800^2-540^2}=590.25\text{kW}$$

低压侧 $\cos\varphi_1=590.25/800=0.74$

变压器的功率损耗（设选低损耗变压器）：

$\Delta P_T=0.015S_C=0.015\times800=12\text{kW}$

$\Delta Q_T=0.06S_C=0.06\times800=48\text{kvar}$

变电所高压侧总的计算负荷为：

$P_{C2}=P_{C1}+\Delta P_T=590.25+12=602.25\text{kW}$

$Q_{C2}=Q_{C1}+\Delta Q_T=540+48=588\text{kvar}$

$$S_{C2}=\sqrt{P_{C2}^2+Q_{C2}^2}=\sqrt{602.25^2+588^2}=841.7\text{kV}\cdot\text{A}$$

变电所高压侧的功率因数：$\cos\varphi=602.25/841.7=0.716$

（2）现要求在高压侧不低于 0.9，而补偿在低压侧进行，可设低压侧补偿后的功率因数为 0.92，计算需补偿的容量：

$Q_C=P_{C1}(\tan\varphi_1-\tan\varphi_2)$

$=590.25\times(\tan\arccos0.74-\tan\arccos0.92)$

$=285.03\text{kvar}$

若选 BW0.4-14-3 型电容器，需要的个数为：

$n=285.03/14=20.41$（个）

应装设 BW0.4-14-3 型电容器 21 个，实际补偿容量为：

$Q_{CC}=21\times14=294\text{kvar}$

补偿后变电所低压侧视在计算负荷：

$$S_{C1}=\sqrt{P_{C1}^2+(Q_{C1}-Q_{CC})^2}=\sqrt{590.25^2+(540-294)^2}=639.5\text{kV}\cdot\text{A}$$

此时变压器的功率损耗：

$\Delta P_T'=0.015S_{C1}'=0.015\times639.5=9.6\text{kW}$

$\Delta Q_T'=0.015S_{C1}'=0.06\times639.5=38.37\text{kvar}$

变电所高压侧总的计算负荷：

$P'_{C2}=P_{C1}+\Delta P_T'=590.25+9.6=599.85\text{kW}$

$Q'_{C2}=Q'_{C1}+\Delta Q_T'=(540-294)+38.37=284.37\text{kvar}$

$S_{C2}'=\sqrt{P_{C2}'^2+Q'_{C2}{}^2}=\sqrt{599.85^2+284.37^2}=663.84\text{kV}\cdot\text{A}$

变电所高压侧总的视在计算负荷减少：

$\Delta S=841.7-663.84=177.86\text{kV}\cdot\text{A}$

变电所高压侧的功率因数：

$$\cos\Phi'=\frac{P'_{C2}}{S'_{C2}}=\frac{599.85}{663.84}=0.904$$

功率因数符合要求。

3. 归纳企业计算负荷确定的步骤。

（三）短路电流计算

1. 短路电流计算步骤。

欧姆法：

（1）绘制计算电路图，选择短路计算点。计算电路图上应将短路计算中需计入的所有电路元件的额定参数都表示出来，并将各元件依次编号。短路计算点应选择使需要进行短路校验的电气元件有最大可能的短路电流通过。

（2）计算短路回路中各主要元件的阻抗，包括电力系统、电力线路和变压器的阻抗。

（3）绘制短路回路等效电路，并计算总阻抗。等效电路图上标注的元件阻抗值必须换算到短路计算点。

（4）计算短路电流。分别对各短路计算点计算其三相短路电流周期分量、短路次暂态短路电流、短路稳态电流和短路冲击电流。

标幺值法：

（1）绘制计算电路图，选短路计算点。与前面欧姆法相同。

（2）设定基准容量 S_d 和基准电压 U_d，计算短路点基准电流 I_d。

（3）计算短路回路中各主要元件的阻抗标幺值，一般只计算电抗。

（4）绘制短路回路等效电路，并计算总阻抗。采用标幺值法计算时，无论有几个短路计算点，其短路等效电路都只有一个。

（5）计算短路电流，与欧姆法相同。

2. 计算举例。

例 4：某供电系统如图 6-2 所示，已知电力系统出口断路器为 SN10–10 II 型，试求企业变电所高压 10kV 母线上 k_1 点短路和低压 380V 母线上 k_2 点短路的短路电流和短路容量。

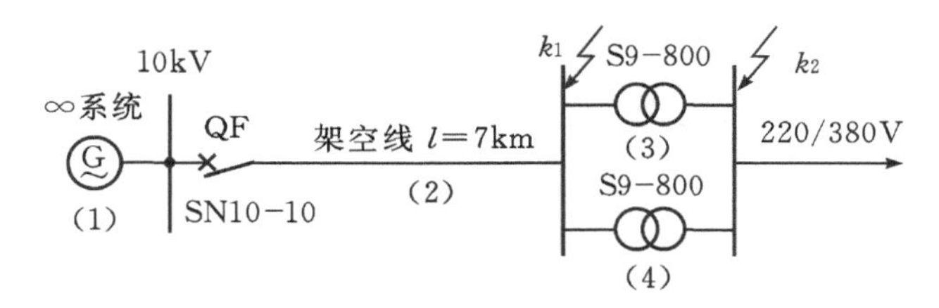

图 6-2　短路电流计算图

（1）确定基准值。

取 $S_R=100\text{MV}\cdot\text{A}$，$U_{k_1}=U_{c_1}=10.5\text{kV}$，$U_{k_2}=U_{c_2}=0.4\text{kV}$；则基准为：

$$I_{R_1}=\frac{S_R}{3U_{C_1}}=\frac{100}{3\times 10.5}=5.5\text{kA}$$

$$I_{R_2}=\frac{S_R}{3U_{C_2}}=\frac{100}{3\times 0.4}=144\text{kA}$$

（2）计算短路电路中各主要元件的电抗标幺值。

①电力系统的电抗标幺值：由附录表可查得 SN10-10 I 型断路器的断流容量 $S_{OC}=300\text{MV}\cdot\text{A}$，因此

$$X_1^*=\frac{S_R}{S_{OC}}=\frac{100}{300}=0.33$$

② 架空线路的电抗标幺值：查表得 $X_0=0.35\Omega/\text{km}$，因此

$$X_2^*=X_0\frac{S_R}{U_{C_1}^2}=0.35\times 7\times\frac{100}{10.5^2}=2.22$$

③ 电力变压器的电抗标幺值：由附录表得 $U_Z\%=4.5$，因此

$$X_3^*=X_4^*=\frac{U_Z\%S_R}{100S_N}=\frac{4.5\times 100\times 10^3}{100\times 800}=5.625$$

绘制等效电路图如图 6-3 所示，并在图上标注出各元件电抗标幺值，标出短路计算点。

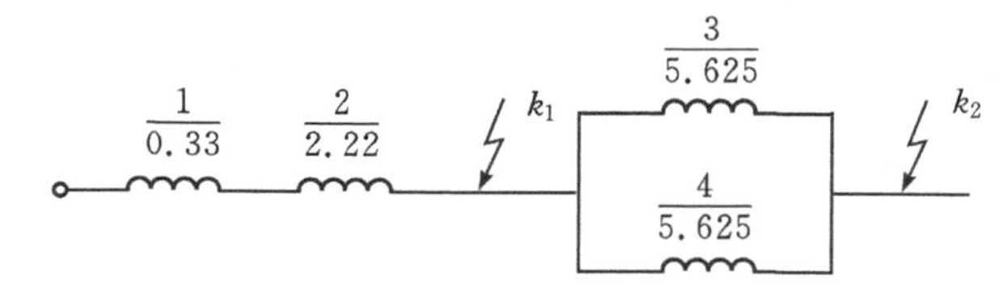

图 6-3　短路等效电路图

（3）求 k_1 点的短路电路的总电抗标幺值及三相短路电流和短路容量。

①总电抗标幺值。

$X_{\Sigma k1}^*=X_1^*+X_2^*=2.55$

②三相短路电流周期分量有效值。

$$I_{k_1}^{(3)}=\frac{I_{R_1}}{X_{\Sigma k_1}^*}=2.15\text{kA}$$

③其他三相短路电流。

$I'^{(3)}=I_{\infty}^{(3)}=I_{k_1}^{(3)}=2.15\text{kA}$

$i_{sh}^{(3)}=2.55I'^{(3)}=5.48\text{kA}$

$I_{sh}^{(3)}=1.51I'^{(3)}=3.25\text{kA}$

④ 三相短路容量。

$$S_{k_1}^{(3)}=\frac{S_R}{X_{\Sigma k_1}^*}=39.2\text{MV}\cdot\text{A}$$

（4）求 k_2 点的短路电路的总电抗标幺值及三相短路电流和短路容量。

①总电抗标幺值。

$X_{\Sigma k_2}^*=X_1^*+X_2^*+X_3^*//X_4^*=5.36$

②三相短路电流周期分量有效值。

$$I_{k_2}^{(3)}=\frac{I_{R_2}}{X_{\Sigma k_2}^*}=26.9\text{kA}$$

③其他三相短路电流。

$I'^{(3)}=I_{\infty}^{(3)}=I_{k_2}^{(3)}=26.9\text{kA}$

$i_{sh}^{(3)}=1.841I'^{(3)}=49.5\text{kA}$

$I_{sh}^{(3)}=1.09I'^{(3)}=29.3\text{kA}$

④三相短路容量。

$$S_{k_2}^{(3)}=\frac{S_R}{X_{\Sigma k_2}^*}=18.7\text{MV}\cdot\text{A}$$

想一想：短路的原因及后果是什么？短路计算的目的是什么？

3. 短路电流的电动力效应。

供配电系统中的电气设备和载流导体，由于在系统正常运行时通过的是负荷电流，因此电气设备和载流导体之间电动力作用不明显，但在通过短路电流特别是通过短路冲击电流时，电气设备或相邻载流导体会产生很大的电动力，可能使设备和导体受到破坏或产生永久性变形。为了使电气设备和导体能可靠地工作，它们必须能承受短路时的电动力效应，即必须满足短路动稳定性的要求。

由“电工基础”知，处在空气中的两平行导体分别通过电流 i_1 和 i_2（单位为A），而导体的轴线距离为 a，两支持点间距离即挡距为 l 时，如图 6-4 所示。

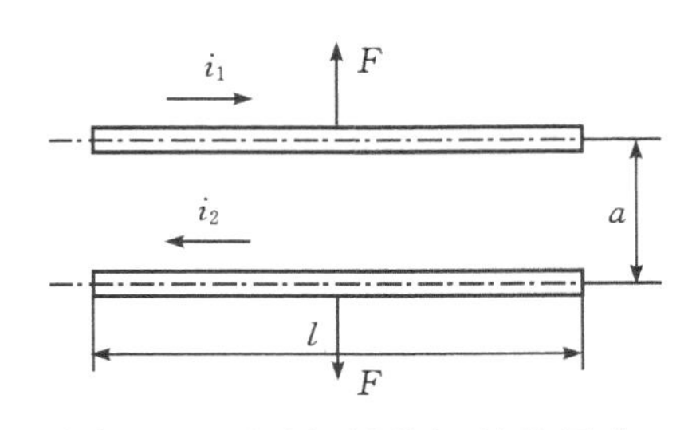

图 6-4　两平行导体间的作用力

导体间所产生的电磁作用力即电动力 F（单位为N）为：

$$F=\mu_0 i_1 i_2 \frac{1}{2\pi a}$$

式中，μ_0 为空气的磁导率，其值为 $4\pi\times10^{-7}$ N/A^2。

如果三相线路中发生三相短路，则三相短路冲击电流 $i_{sh}^{(3)}$（单位为 A）在中间相所产生的电动力为最大：

$$F^{(3)}=\sqrt{3}K_f i_{sh}^{(3)2}\frac{1}{a}\times10^{-7}$$

如果三相线路中发生两相短路，则两相短路冲击电流 $i_{sh}^{(2)}$（单位为 A）通过两相导线所产生的电动力为最大，其计算公式为：

$$F^{(2)}=2K_f i_{sh}^{(2)2}\frac{1}{a}\times10^{-7}$$

由于两相短路冲击电流与三相短路冲击电流之间的关系为：$i_{sh}^{(2)}=\frac{\sqrt{3}}{2}i_{sh}^{(3)}$，因此，三相短路与两相短路的最大电动力有以下关系：

$$F^{(2)}=\frac{\sqrt{3}}{2}F^{(3)}$$

由上式可看出，三相线路中发生三相短路时，在中间相导体上所产生的电动力比两相短路时导体所受的电动力大。因此在对供配电系统中的电气设备和载流导体进行动稳定校验时，都采用三相短路冲击电流。

4. 短路电流的热效应与热稳定性校验。

1）短路的热效应

导体通过正常负荷电流时，由于导体电阻的存在，就会产生热能损耗，转换为热能，它一方面使导体温度升高，另一方面向周围介质散热。当导体内产生的热量与导体向周围介质散发的热量相等时，导体就维持在一定的温度值。

短路电流通过导体的时间很短，导体升温可以认为是一个绝热过程，即短路电流在导体中产生的热量全部用来加热导体，这种现象称为短路的热效应。

2）短路热稳定校验

校验电气设备导体的热稳定性，根据对象不同，分别采用不同的方法。

（1）一般电器设备热稳定性的校验。一般电器设备，包括开关电器和电流互感器等的热稳定性校验应满足下列要求：

$$I_t^2 t \geq I_\infty^{(3)2} t_{ima}$$

式中，I_t 为电器的热稳定试验电流（kA）；t 为相应的电器热稳定试验时间（s）。$I_\infty^{(3)}$ 和 t_{ima} 分别为通过电器设备的三相短路稳态电流（kA）及短路发热假想时间（s）。

以上 I_t 和 t 均可在电器产品样本上查得（见附录表）。

（2）母线、绝缘导线和电缆等热稳定性的校验。对母线、绝缘导线等导体，校验其通过短路电流时热稳定性是否满足要求，应计算出导体通过短路电流后所达到的最高温度 θ_k，与导体在短路时的最高允许温度 $\theta_{k\cdot max}$ 比较，当前者小于或等于后者时则短路热稳定性满足要求。但导体温度的计算非常麻烦，在工程设计中，应从与短路电流热效应相等及满足短路热稳定性的要求出发，先求出不同导体的热稳定系数 C，然后再求出满足短路热稳定性要求的最小允许截面，计算公式如下：

$$A \geqslant A_{min}=\frac{I_{\infty}^{(3)}}{C}t_{ima}$$

式中，A 为满足热稳定性要求的导体实际截面（mm^2）；$I_{\infty}^{(3)}$ 为通过导体的三相短路电流（A）；t_{ima} 为短路发热假想时间（s）；C 为导体的热稳定系数，可查附录表。

当导体的实际截面积 $A \geqslant A_{min}$ 时，则导体满足短路热稳定性要求，否则应加大导体截面。

（四）企业变配电所的构成和主接线

1. 变配电所所址的选择。

变配电所所址的选择是否合理，直接关系到企业供配电系统的造价、运行成本和适应负荷的发展等问题。选择企业变配电所所址应根据以下原则：

（1）进出线方便，接近负荷中心，减小供电线路的长度，减小电能、电压的损耗；减小有色金属的消耗。

（2）变配电所应尽可能地靠近电源侧。

（3）避开多尘和有腐蚀性气体的场所，避开有剧烈震动的场所。

（4）地势较高，运输方便。

（5）尽量建在室内，并与厂房等建筑物合建，以减小投资。

（6）适当考虑将来有扩建的空间。

对大型企业，一般只设一个总降压变电所，个别用户可多于一个。配电所、车间变电所应根据厂区范围、电力负荷分布及电力负荷的大小等情况全面考虑设置，以保证供电质量、安全、可靠和尽量减少年运行费用。

变配电所的位置和数量，要在几个方案相比较的基础上，综合考虑，选择最适合本企业的最佳方案。

2. 对变配电所主接线的基本要求。

企业变配电所的电路图，按功能可分为企业变配电所的主接线（主电路）图和二次接线图。

企业变配电所的主接线图，是企业接受电能后进行电能分配、输送的总电路。它是由各种主要电气设备（包括变压器、开关电器、互感器及连接线路等设备）按一定顺序连接而成，又称一次电路或一次接线图。一次电路中所连接的所有设备，称为一次元件或一次设备。二次接线图是用来控制、指示、测量和保护主电路及其设备运行的电路图。二次电路当中的所有设备（测量仪表、保护继电器等）称为二次元件或二次设备。二次设备是通过电压、电流互感器与主电路相联系的。

主接线图是按国家规定的图形符号和文字符号绘制的。用单线表示三相线路，但在个别三相设备不对称处，可局部的用三根线表示。主接线图除表示电气连接电路外，还注明了电气设备的型号、规格等有关技术数据。从主接线图上可以了解企业的供电线路和全部电气设备，也为电气设备安全管理、运行和检修、维护提供了重要依据。

企业供配电系统的主接线图应满足以下基本要求：

（1）保证供电的可靠性。变配电所的一次接线应根据用电负荷的等级，保证在各种运行方式下提高供电的连续性。

供电因事故被迫中断的机会越少，影响范围越小，停电时间越短，则主接线供电的可靠性就越高。可靠性要求还体现在主接线应力求简单。

（2）具有一定的灵活性和方便性。主接线应能适应各种运行方式，并能灵活地进行方式转换，不仅在正常运行时能安全可靠供电，而且在系统故障或设备检修时，也能保证非故障和非检修线路继续供电。并能灵活简便、迅速地改变运行方式，使停电时间最短，影响范围最小。

（3）具有经济性。设计主接线时，可靠性和经济性之间是矛盾的。欲使主接线可靠、灵活，将导致投资增加。所以必须把技术与经济两者综合考虑，在满足供电可靠，运行灵活方便的基础上，尽量使设备投资费用和运行费用最少。

（4）具有发展和扩建的可能性。在设计主接线时应有发展余地，不仅要考虑最终接线的实现，同时还要兼顾到分期过渡接线的可能和施工的方便。

此外，安全也是至关重要的，包括设备安全及人身安全。要满足这一点，必须符合国家标准和有关技术规程的要求。

3. 变配电所主接线设计的基本原则。

（1）应按电源情况、负荷性质、用电容量和运行方式等确定，在保证运行的可靠性、安全性的前提下，力求接线简单、操作灵活方便，并节省投资。

（2）应按负荷等级不同对供电可靠性的要求、允许停电时间及用电单位规模、性质和负荷大小，并结合地区供电条件综合选定。

（3）主接线应有以下特点。

①根据负荷等级，电源进线一般为 1 至 2 回路，对特殊大型重要工业企业还应设有自备热力发电厂。

②变压器台数一般不超过两台。

③6～10kV 侧母线采用单母线或单母线分段制，一般不采用双母线制。对于大型企业，负荷重要，进出回线较多或地方变电所例外。

④ 35kV 配电装置中，当出线有两回时，一般采用桥型接线；当出线超过两回时，一般采用单母线分段接线。但由一个变电所单独向一级负荷供电时，不应采用单母线接线。

主接线的种类及特点请参照任务一知识链接。

（五）电气设备的选择与校验

1. 变配电所主变压器台数和容量的选择。

1）变压器台数的选择

选择变配电所主变压器台数时，应遵循以下原则：

（1）供电的可靠性必须得到保证。对供电给大量一、二级负荷的变电所，应选用两台主变压器，以便当一台变压器故障检修时，另一台能够承担对一、二级负荷的供电；对只有少量二级负荷而无一级负荷的变电所，如果低压侧有与其他变电所相连的联络线作为备用电源，则也可只选用一台变压器。

（2）应能提高变压器运行的经济性。对于季节性负荷或昼夜负荷变动较大而宜于采用经济运行方式（例如两台并列运行的变压器可在低负荷时切除一台）的变电所，无论负荷性质如何，均可选用两台变压器。

（3）应能简单实用。除以上情况外，一般供三级负荷的变电所可只采用一台变压器。台数过多，不仅使变电所主接线复杂，增加投资，而且使运行管理麻烦。

（4）满足发展的要求。充分考虑负荷的增长情况，短期内（一般考虑 5 年）没有增长的可能性时，应考虑采用多台小容量变压器，以备发展时增加台数，而不应一次性使用大容量的变压器，增加投资和运行费用。

2）变压器容量的选择

变压器容量确定的总体原则是变压器的额定容量要大于计算负荷，选择的条件有：

（1）只装一台主变时。变压器的额定容量满足所有计算负荷的需要，即：

$$S_C \leqslant S_N$$

（2）装有两台主变时。每台变压器的额定容量应满足在单独运行时，能保证对 70% 的计算负荷供电；每台单独运行时，能保证对全部一、二级负荷供电。即：

$$S_{N \cdot T} \geqslant 0.7 S_C$$

（3）单台变压器（低压为 0.4kV）的容量上限。过去有关规程规定车间变电所主变压器的容量一般不超过 1000kV·A，这主要是考虑：一是受到低压断路器断流能力的限制，二是尽可能使变压器接近负荷中心，以减少低压配电系统的电能损耗。但随着断流能力大、短路稳定性更高的断路器（如 ME 型）的出现，对于负荷比较集中，容量较大且比较合理的车间，可以选用单台容量较大（1600 ～ 2000kV·A）的配电变压器。

总之，变配电所主变压器台数和容量的选择，应根据负荷的等级、主接线方式并适当考虑负荷的发展等因素，在对几个方案进行技术经济比较的基础上，择优而定。

2. 高压断路器、隔离开关和负荷开关的选择与校验。

1）种类和型式的选择

对高压断路器，应按安装地点、环境和使用技术条件等要求选择种类和型式。对于 6 ～ 10kV 供配电系统，一般选用少油断路器。

对隔离开关型式的选择，应根据配电装置的布置特点和使用要求等因素，进行综合技术经济比较后确定。6 ～ 10kV 户内配电装置，通常选 GN6 型和 GN8 型隔离开关，也可选用 GN19-10C 型隔离开关，其中 GN8 型或 GN19-10C 型可用于 GG 型成套开关柜的母线侧或线路侧，GN6 型只用于电缆出线侧；35kV 户外配电装置广泛选用 GW4 或 GW5 型。

2）额定电压和额定电流的选择

应使所选断路器、开关的额定电压 U_e 不低于安装地点电网的额定电压 U_N，即：

$$U_e \geqslant U_N$$

所选断路器、开关的额定电流 I_e 应不小于通过的最大负荷电流（计算电流）I_{Lmax}，即：

$$I_e \geqslant I_{Lmax}$$

3）断流能力的校验

高压断路器可分断短路电流，其断流能力应满足的条件为：

$$i_{max} \geqslant i_{sh}^{(3)} \text{ 或 } I_{OC} \geqslant I_k^{(3)} \text{ 或 } S_{OC} \geqslant S_k^{(3)}$$

式中，i_{max}、I_{OC}、S_{OC} 分别为断路器的最大开断电流的峰值、有效值和断流容量。

高压隔离开关不允许带负荷操作，只作隔离电源用，因此不校验其断流能力。

高压负荷开关能带负荷操作，但不能切断短路电流，因此其断流能力应按切断最大可能的过负荷电流来校验，应满足的条件为：

$$I_{OC} \geqslant I_{OLmax}$$

式中，I_{OC} 为负荷开关的最大分断电流；I_{OLmax} 为负荷开关所在电路的最大可能的过负荷电流，可取（1.5 ～ 3）I_C，I_C 为电路计算电流。

4）短路稳定性的校验

高压断路器、隔离开关和负荷开关均需进行短路动稳定性和热稳定性的校验。

3. 熔断器的选择与校验。

1）熔断器额定电压的选择

熔断器的额定电压 $U_{N(FU)}$ 应不低于所在线路的额定电压 U_N，即：

$$U_{N(FU)} \geqslant U_N$$

2）熔断器额定电流的选择

为了保证熔断器不致损坏，熔断器的额定电流 $I_{N(FU)}$ 应大于或等于熔体的额定电流 $I_{N(FE)}$，即：

$$I_{N(FU)} \geqslant I_{N(FE)}$$

3）熔断器熔体额定电流的选择

（1）保护电力线路的熔断器熔体额定电流的选择。保护电力线路的熔断器熔体额定电流，应满足下列条件：

① 为了使熔体在线路正常最大负荷下运行时不致熔断，熔体额定电流 $I_{N(FE)}$ 应不小于线路的计算电流 I_c，即：

$$I_{N(FE)} \geqslant I_C$$

式中，I_C 为线路的计算电流。

②为了使熔体在线路出现尖峰电流时也不致熔断，熔体额定电流 $I_{N(FE)}$ 还应多过线路的尖峰电流 I_{pk}。由于尖峰电流为短时最大电流，而熔体熔断需经一定时间，故满足的条件为：

$$I_{N(FE)} \geqslant KI_{pk}$$

式中，I_{pk} 为线路的尖峰电流；K 为小于 1 的计算系数。对供单台电机的线路，如起动时间 $t_{st} < 3s$（轻载起动），宜取 0.25 ～ 0.35；$t_{st} \approx 3 \sim 8s$（重载起动），宜取 0.35 ～ 0.5；$t_{st} > 8s$ 及频繁起动或反接制动，宜取 0.5 ～ 0.6。对供多台电机的线路，视线路上最大一台电机的起动情况、线路计算电流与尖峰电流的比值及熔断器的特性而定，取为 0.5 ～ 1；如线路计算电流与尖峰电流的比值接近于 1，则 K 可取 1。

③为了不致发生因线路出现过负荷或短路而引起绝缘导线或电缆过热甚至起燃而熔断器熔体不熔断的事故，熔断器保护还应与被保护的线路相配合，为此还应满足如下条件：

$$I_{N(FE)} \leqslant K_{OL}I_{al}$$

式中，I_{al} 为绝缘导线和电缆的允许载流量；K_{OL} 为绝缘导线和电缆的允许过负荷系数，如熔断器只作短路保护时，对电缆和穿墙绝缘导线，取 2.5，对明敷绝缘导线，取 1.5；如熔断器不只作短路保护，而且要求作过负荷保护时，则取 1 。

（2）保护电力变压器的熔断器熔体额定电流的选择。为了防止熔体在通过变压器励磁涌流（为变压器额定电流的 8 ～ 10 倍）和保护范围以外的短路及电机自起动所引起的尖峰电流时误动作，熔断器熔体的额定电流应按下式选择：

$$I_{N(FE)} = (1.5 \sim 2)\ I_{1N(T)}$$

式中，$I_{1N(T)}$ 为电力变压器的额定一次电流。

（3）熔断器断流能力的校验。对于有限流作用的熔断器（如 RN1、RT0 等型），由于能在短路电流达到冲击值之前灭弧，因此应满足下列条件：

$$I_{OC} \geqslant I''^{(3)}$$

式中，I_{OC} 为熔断器的最大分断电流；$I''^{(3)}$ 为熔断器安装地点的三相次瞬态短路电流有效值。

RM10、RT0 型熔断器的最大分断电流见附表。

对非限流作用的熔断器（如 RW3、RW10 等型），由于不能在短路电流达到冲击值之前灭弧，因此应满足下列条件：

$$I_{OC} \geqslant I_{sh}^{(3)}$$

式中，$I_{sh}^{(3)}$ 为熔断器安装地点的三相短路冲击电流有效值。

对具有断流能力上下限的熔断器（如 RW3 等跌落式熔断器），其断流能力的上限应满足上式的条件，而其断流能力的下限应满足下列条件：

$$I_{OC(min)} \leqslant I_k^{(2)}$$

式中，$I_{OC(min)}$ 为熔断器的最小分断电流；$I_k^{(2)}$ 为熔断器所保护线路末端的两相短路电流。

（4）熔断器保护灵敏度的校验。为了保证熔断器在其保护范围内发生最轻微的短路故障时能可靠地熔断，熔断器保护的灵敏度 S_p 必须满足下列条件：

$$S_p = \frac{I_{k(min)}}{I_{N(FE)}} \geqslant 4$$

式中，$I_{N(FE)}$ 为熔断器熔体的额定电流；$I_{k(min)}$ 为熔断器所保护线路末端在系统最小运行方式下的单相短路电流（对中性点直接接地系统）或两相短路电流（对中性点不接地系统），对于保护降压变压器的高压熔断器来说，应取低压母线的两相短路电流换算到高压侧之值。

4. 互感器的选择与校验。

1）电流互感器的选择与校验

（1）型式的选择。根据使用环境和安装条件确定电流互感器的类型。6 ～ 10 kV 及以下的电流互感器均为户内型，一般采用树脂浇注绝缘结构的产品。

（2）电流互感器的额定电压和额定电流的选择。电流互感器的一次额定电压应不低于装设地点电网的额定电压；一次额定电流应不小于电路的计算电流，为了确保所供仪表的准确度，互感器的一次工作电流应尽量接近额定电流。电流互感器的二次额定电流，按其二次设备的电流负荷而定，一般为 5A。

（3）按准确度要求选择。为了保证测量仪表的准确度，互感器的准确度等级不得低于所供测量仪表的准确度等级，当所供仪表要求不同准确度等级时，应按最高级别来确定互感器的准确度等级。

为保证互感器的准确度等级，互感器二次侧所接负荷 S_2 应不大于该准确度等级所规定的额定容量 S_{2N}，即：

$$S_{2N} \geqslant S_2$$

而

$$S_2 = |Z_2| I_{2N}^2$$

$$|Z_2| \approx \Sigma R_i + R_{WL} + R_{XC}$$

式中，ΣR_i 为电流互感器二次回路所有串联的仪表、继电器电流线圈的电阻，可由仪表、继电器产品样本查得；R_{WL} 为连接导线的电阻，$R_{WL}=l/(\gamma A)$（这里 γ 为导线的电导率，铝线 $\gamma=32\text{m}/(\Omega\cdot\text{mm}^2)$，铜线 $\gamma=53\text{m}/(\Omega\cdot\text{mm}^2)$；$A$ 为导线截面积（mm^2）；l 为二次回路的计算长度（m））；R_{XC} 为接头接触电阻，由于不能准确测量，一般可取 0.1Ω。

电流互感器二次回路的计算长度 l 与互感器的接线方式有关。设从互感器二次端到仪表、继电器接线端的单向长度为 l_1，则互感器二次为 Y 形联结时，$l=l_1$，互感器二次为 V 形接线时，$l=\sqrt{3}l_1$；互感器二次为一相式接线时，$l=2l_1$。

（4）短路热稳定性的校验。电流互感器热稳定性的校验如前所述。

2）电压互感器的选择与校验

（1）型式的选择。电压互感器的型式应根据安装地点和使用条件来进行选择。6 ～ 10kV 及以下的电压互感器均为户内型，推荐选用树脂浇注绝缘结构的单相电压互感器，它有带一个二次绕组和两个二次绕组两种，后者一般用于必须测量相电压和反映零序电压的情况。

（2）按工作电压选择。为了确保电压互感器安全和在规定的准确度等级下运行，电压互感器一次绕组所接电网电压 U_N 应在（0.9 ～ 1.1）U_{1N} 范围内变动，即应满足下列条件：

$$0.9U_{1N} < U_N < 1.1U_{1N}$$

式中，U_{1N} 为电压互感器的一次额定电压。

电压互感器二次绕组的额定电压的选择见表 6-4。

表6-4　电压互感器二次绕组额定电压选择

接线型式	电网电压 /kV	型式	二次绕组电压 /V	接成开口三角的辅助绕组电压 /V
图 6-5（a）、（b）	3 ～ 35	单相式	100	无此绕组
图 6-5（c）、（d）	3 ～ 60	单相式	100/3	100/3
	3 ～ 15	三相三柱式	100	100/3（相）

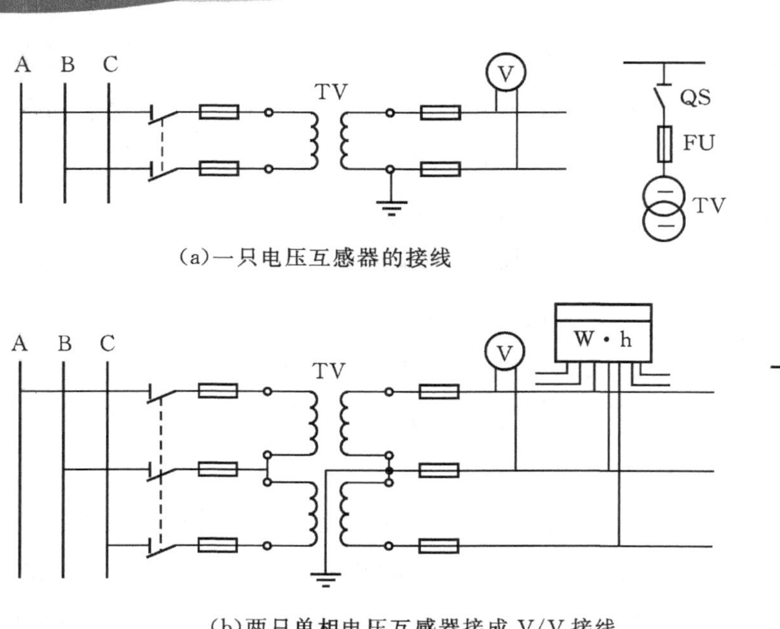

(a)一只电压互感器的接线

(b)两只单相电压互感器接成 V/V 接线

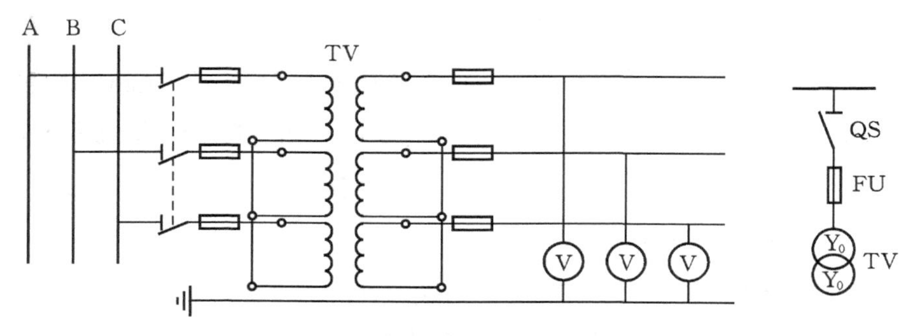

(c)三只单相电压互感器接成 Y_0/Y_0 联接

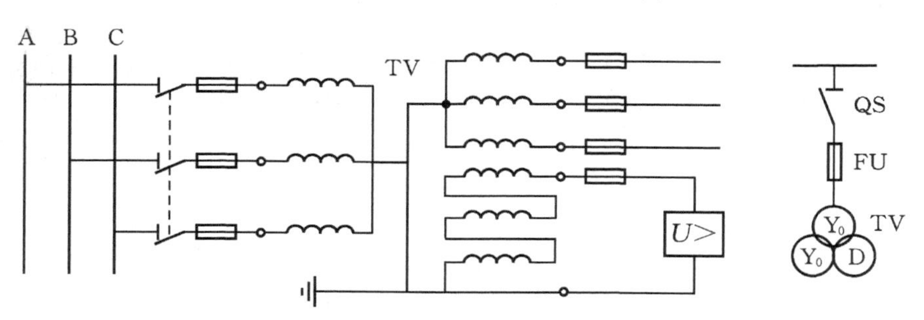

(d)三只单相互感器或一只三相五心柱三绕组的联接

图 6-5 电压互感器的常见接线方式

（3）按准确度等级要求选择。电压互感器的准确度等级应符合其二次侧所连接的测量仪表对准确度的最高要求。电压互感器的额定二次容量（对应于所要求的准确度等级）S_{2N} 应不小于互感器的二次实际负荷容量 S_2。电压互感器的二次实际负荷容量 S_2 只计其二次回路中所有仪表、继电器电压线圈所消耗的视在功率，即：

$$S_2 = (\Sigma P_u)^2 + (\Sigma Q_u)^2$$

式中，$\Sigma P_u = \Sigma(S_u\cos\varphi_u)$ 和 $\Sigma Q_u = \Sigma(S_u\sin\varphi_u)$ 分别为仪表、继电器电压线圈所消耗的

总的有功功率和无功功率。

电压互感器多采用限流型熔断器保护，故不做短路稳定性校验。

5. 低压断路器的选择与校验。

1）低压断路器额定电压的选择

低压断路器的额定电压 $U_{N(QF)}$ 应大于或等于线路的额定电压 U_N。

2）低压断路器额定电流的选择

低压断路器的额定电流 $I_{N(QF)}$ 应大于或等于它所安装的过电流脱扣器的额定电流 $I_{N(OR)}$ 或热脱扣器的额定电流 $I_{N(TR)}$。

3）低压断路器过电流脱扣器额定电流的选择

过电流脱扣器的额定电流 $I_{N(OR)}$ 应大于或等于线路的计算电流 I_C。

4）低压断路器热脱扣器额定电流的选择

热脱扣器的额定电流 $I_{N(TR)}$ 也应大于或等于线路的计算电流 I_C。

5）低压断路器脱扣器的整定

低压断路器可根据保护要求装设瞬时、短延时和长延时等过电流脱扣器及热脱扣器、失压脱扣器等，它们的整定分别如下：

（1）瞬时过电流脱扣器的动作电流 $I_{OP(O)}$，应多过线路的尖峰电流 I_{pk}，即：

$$I_{OP(O)} \geqslant K_{rel} I_{pk}$$

式中，K_{rel} 为可靠系数，对动作时间大于 0.02s 的低压断路器（如 DW10 型）一般取 1.35，对动作时间为 0.02s 及以下的低压断路器（如 DZ10 型或其他限流式）一般取 2 ～ 2.5。

（2）短延时过电流脱扣器的动作电流 $I_{OP(s)}$，也应多过线路的尖峰电流 I_{pk}，即：

$$I_{OP(s)} \geqslant K_{rel} I_{pk}$$

式中，K_{rel} 为可靠系数，可取 1.2。

（3）长延时过电流脱扣器的动作电流 $I_{OP(1)}$，应多过线路的计算电流 I_c，即：

$$I_{OP(1)} \geqslant K_{rel} I_C$$

式中，K_{rel} 为可靠系数，可取 1.1。

（4）为了防止被保护线路出现过负荷或短路引起绝缘导线或电缆过热甚至起燃而断路器不脱扣切断线路的事故，各种过电流脱扣器的动作电流还应与被保护线路相配合，因此还需满足如下条件：

$$I_{OP} \leqslant K_{OL} I_{al}$$

式中，I_{al} 为绝缘导线和电缆的允许载流量；K_{OL} 为绝缘导线和电缆的允许短时过负荷系数，对瞬时和短延时过电流脱扣器，可取 4.5；对长延时过电流脱扣器，作短路保护时取 1.1，只作过负荷保护时取 1。

如不满足以上配合要求，则应改选脱扣器动作电流，或适当加大导线或电缆的线芯截面。

（5）热脱扣器的动作电流 $I_{OP（TR）}$，应多过线路的计算电流 I_c，即：

$$I_{OP（TR）} \geqslant K_{rel} I_C$$

式中，K_{rel} 为可靠系数，可取 1.1。

（6）失压脱扣器的释放电压通常为额定电压的 35% ～ 40% 及以下，吸合电压通常为额定电压的 70% 及以上。

6）低压断路器断流能力的校验

（1）对动作时间大于 0.02s 的低压断路器，其极限分断电流 I_{oc}（参见附录表）应大于或等于通过它的三相短路电流周期分量有效值 $I_k^{(3)}$，即：

$$I_{oc} \geqslant I_k^{(3)}$$

（2）对动作时间为 0.02s 及以下的低压断路器，其极限分断电流 I_{oc} 或 i_{oc} 应大于或等于通过它的三相短路冲击电流 $I_{sh}^{(3)}$ 或 $i_{sh}^{(3)}$。

7）低压断路器过电流保护灵敏度的校验

为了保证过电流脱扣器在系统最小运行方式下，当其保护范围内发生最轻微的短路故障时都能可靠地动作，低压断路器过电流保护的灵敏度 S_p 必须满足下列条件：

$$S_p = I_{k(min)} / I_{OP} \geqslant 1.5$$

式中，I_{OP} 为过电流脱扣器的动作电流；$I_{k(min)}$ 为低压断路器保护的线路末端在系统最小运行方式下的单相短路电流（对中性点直接接地系统）或两相短路电流（对中性点不接地系统）。

6. 母线和绝缘子的选择。

1）母线的选择

（1）型式与材料。配电装置的母线一般应采用铝母线，只有工作电流较大、位置特别狭窄的发电机、变压器的出线或采用铝母线穿墙套管安装有困难以及对铝有严重腐蚀的场所才选用铜母线。电压为 35kV 及以下的户内配电装置中，一般选用矩形铝母线；电压高于 35kV 的户内配电装置中，一般选用实心圆形或空心圆管形铝母线。户外配电装置中，一般选用钢芯铝绞线。

（2）按允许载流量选择母线截面积。流过母线的最大持续工作电流 I_c 应不大于母线的允许载流量 I_{al}，即：

$$I_C \leqslant I_{al}$$

单条涂漆矩形母线的允许载流量可查附表。

当实际的环境温度不等于附表中给出的温度时，I_{al} 应乘以温度修正系数 K_θ，即：

$$I_C \leqslant K_\theta I_{al}$$

式中，$K_\theta = (\theta_{al} - \theta'_0) / (\theta_{al} - 25)$。

式中，θ_{al} 为母线的最高允许温度；θ'_0 为实际环境温度。

2）绝缘子的选择

（1）型式的选择。根据安装地点选择户内式或户外式。户内式支柱绝缘子推荐选用联合胶装的多棱式支柱绝缘子；户外式支柱绝缘子一般选用棒式支柱绝缘子。由于铝导体穿墙套管便于与铝绞线或铝母线连接，应推广选用。

（2）按工作电压选择支柱式绝缘子和穿墙套管。绝缘子的额定电压 U_e 应不小于电网的额定电压 U_N，即：

$$U_e \geqslant U_N$$

（3）按工作电流选择穿墙套管。流过绝缘子的持续工作电流 I_C 应不大于电网的额定电流 I_N，即：

$$I_N \geqslant I_C$$

当实际的环境温度高于 40℃时，可按下式进行修正：

$$I'_N = I_N（\theta_{al}-\theta'_0）/（\theta_{al}-40）= I_e（80-\theta'_0）/40 \geqslant I_C$$

（六）防雷、接地及电气安全

1. 雷电的危害。

雷电对于电力装置的危害主要有以下几个方面：

（1）热效应。雷电在放电时，强大的雷电流所产生的热量，足以引起电力设备、导线、绝缘材料烧毁。

（2）机械效应。强大的雷电流所产生的电动力，可摧毁塔杆，建筑物等设施，另外雷电流通过电器设备，产生的电动力也可使电气设备变形损坏。

（3）电磁感应。由于雷电流的变化，在它周围空间要产生强大的变化磁场，存在于这个变化磁场中的闭合导体，将产生强大的感应电流。由于这一感应电流的热效应，会使导体电阻大的部位发热引发火灾和爆炸，造成设备的损坏和人身伤亡。

（4）雷电闪络放电。防雷保护装置、电气设备、线路等遭雷击时，都会产生很高的电位，如果彼此绝缘距离小，会产生放电闪络现象，即出现雷电反击。发生雷电反击时，不但电气设备会被击穿烧坏，也极易引发火灾。

（5）跨步电压。当雷电流入大地时，人在落地点周围 20m 范围内行走时，两脚之间会引起跨步电压，造成人体触电伤亡，尤其雨天，地面潮湿时更危险。

2. 防雷装置。

一个完整的防雷装置一般由接闪器或避雷器、引下线和接地装置等三个部分组成。

接闪器是专门用来接受雷闪的金属物体。接闪的金属杆称为避雷针；接闪的金属线称为避雷线；接闪的金属带、网称为避雷带、网。特殊情况下也可直接用金属屋面或金属构件作为接闪器。所有接闪器都必须经过引下线与接地装置相连。

接地引下线是接闪器与接地体之间的连接线，它将接闪器上的雷电流安全地引入接地体，使之尽快地泄入大地。

接地装置是避雷针的地下部分，其作用是将雷电流直接泄入大地。接地装置由接地体和连接线组成。接地装置通常敷设在地面以下不低于 0.6m 处。

避雷针（线）是防止直击雷的有效措施，一定高度的避雷针（线）下面，有一个保护区域，在保护区域内的物体基本上不受雷击，我们把这个安全区域叫做避雷针的保护范围，保护范围的大小与避雷针的高度有关。

1）避雷针及保护范围的确定

避雷针主要是用来防直击雷的，避雷针的作用实际上并不是“避雷”，而是“引雷”。避雷针是对雷电场产生一个附加电场，使雷电场畸变，从而将雷云放电的通道由原来可能通过的被保护物体而吸引到避雷针本身，经引下线到接地装置，使被保护物体免受直接雷击。

在一定高度的避雷针下面，有一个安全区域，在这个区域中的物体基本上不致遭受雷击，故称为避雷针的保护范围。单支避雷针保护范围可以用滚球法求得，其形状是一个对称的锥体。

需要说明的是，避雷针并不能给被保护对象提供绝对的安全保护，只能大大减少雷击损害的风险。

“滚球法”是用一定半径的假想球体，沿需要防直击雷的部位滚动，当球体只触及避雷针接闪器和地面，而不触及需要保护的部位时，则该部位就在避雷针的保护范围内。显然，采用“滚球法”的保护范围与假定的该球半径有关，我国最新编制的《建筑物防雷设计规范》对滚球半径（h_r）作了如下规定：对第一类防雷建筑，该球半径取 30m；第二类防雷建筑物取 45m；第三类取 60m（表 6-5）。

表6-5　按建筑物防雷类别确定滚球半径和避雷网格尺寸

建筑物的防雷类别	避雷网尺寸，不大于 /m	滚球半径 h_r/m
第一类防雷建筑物	5×5 或 6×4	30
第二类防雷建筑物	10×10 或 12×8	45
第三类防雷建筑物	20×20 或 24×16	60

避雷针在地面上的保护半径 r_0 按下式计算：

$$r_0=h（2h_r-h）$$

当避雷针高度 $h>h_r$ 时，在避雷针上取高度 h_r 的一点代替单支避雷针的针尖作为圆心，其余做法与 $h\leqslant h_r$ 时的做法相同。

2）避雷线及保护范围的确定

避雷线是用来保护架空电力线路和露天配电装置免受直击雷的装置。避雷线悬挂在高空，用接地线将避雷线和接地体连在一起，所以又称为架空地线。它的作用和避雷针一样，将雷电引向自身，并安全地导入大地，使其保护范围内的导线或设备免受直接雷击。保护范围参照设计手册。

3）避雷带和避雷网

避雷带和避雷网主要是用来保护高层建筑免受直击雷和感应雷的袭击的防雷装置。避雷带通常是在平顶房屋顶四周的女儿墙或坡屋顶的屋脊、屋檐上装金属带作为接闪器；避雷网则通常是利用钢筋混凝土结构中的钢筋网进行雷电保护。

4）接闪器的安装部位与材料规格

接闪器的安装部位与材料规格见表 6-6。

表6-6　接闪器的安装部位与材料规格

种类	安装部位	材料规格（不小于）	备注
避雷针	屋面	圆钢，直径 12mm	针长 1m 以下
		钢管，直径 20mm	针长 1 ～ 2m
	屋面	圆钢，直径 16mm	
		钢管，直径 25mm	
	烟囱，水塔	圆钢，直径 20mm	
		钢管，直径 40mm	
避雷带、避雷网	屋面	圆钢，直径 8mm	
		扁钢，截面 48mm^2，厚度 4mm	
避雷环	烟囱，水塔	圆钢，直径 12mm	
		扁钢，截面 100mm^2，厚度 4mm	
避雷线	杆、塔	镀锌钢绞线，截面 35mm^2	

5）引下线的要求

引下线是指连接接闪器和接地装置的金属导体。引下线应沿建筑物外墙明敷或暗敷，并经最短的路径接地，建筑艺术要求较高的可作暗敷，但截面应加大一级；引下线也可利用建、构筑物钢筋混凝土中的钢筋或建筑物的金属构件（如消防梯等）、金属烟囱、烟囱的金属爬梯等作为引下线，但其所有部件之间均应连成电气通路。引下线的材料规格见表 6-7。

表6-7　引下线的材料规格

种　　类	安装部位	材料规格	备注
人工引下线建筑物的金属构件、金属烟囱、金属爬梯	外墙（经最短路径接地）、烟囱、水塔	圆钢直径 8mm 扁钢截面积 48mm² 厚度 4mm 圆钢直径 12mm 扁钢截面积 100mm² 厚度 4mm	1. 多根引下线时，为便于测量接地电阻，在各引下线上距地 0.3 ～ 1.8m 之间设置断接卡 2. 在易受机械损伤的地方，对地上约 1.7m 至地下 0.3m 的一段接地线，应暗敷或加镀锌角钢、改性塑料管或橡胶管保护

6）接地装置的要求

接地装置是防雷装置的地下部分，由接地体、连接线组成。为了保证接地装置能够将雷电流安全、可靠地泄入大地，避免对人身和设备造成伤害，应符合 GB50169—1992《电气装置安装工程 · 接地装置施工及验收规范》。

7）避雷器

避雷器是用来防止雷电过电压波沿线路侵入变配电所或其他建筑物内，以免危及被保护设备的绝缘，或防止雷电电磁脉冲对电子信息系统的电磁干扰。

避雷器的接线见图 6-6，其他避雷装置见图 6-7。

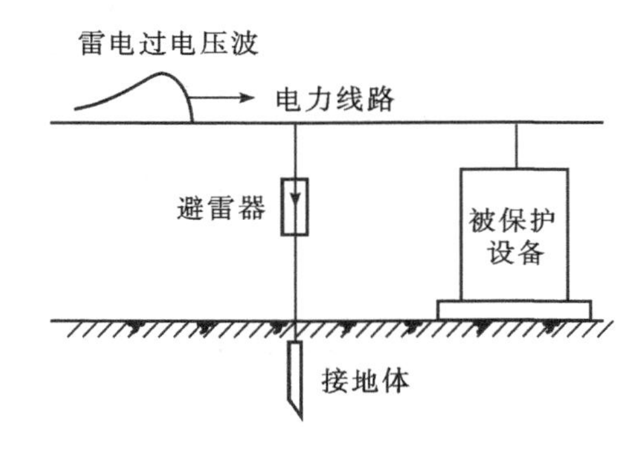

图 6-6　避雷器接线

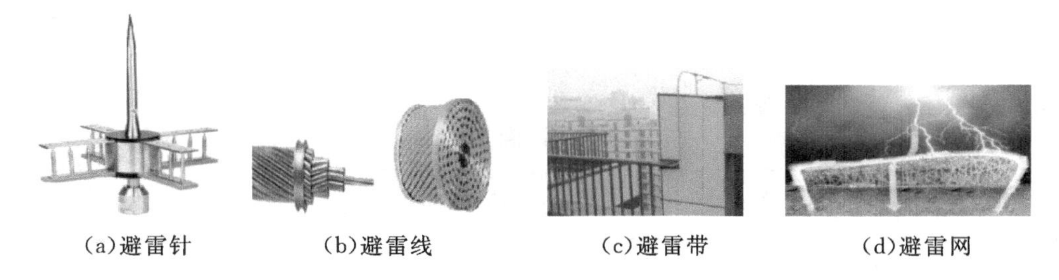

图 6-7　避雷装置

3. 供配电装置和建筑物的防雷保护。

1）架空线路防雷保护

（1）装设避雷线。

（2）提高线路自身的绝缘水平。

（3）装设避雷器或保护间隙。

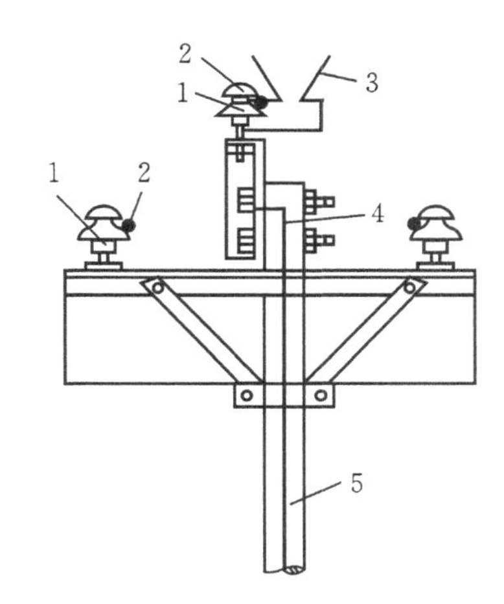

1—绝缘子；2—架空导线；3—保护间隙；4—接地引下线；5—电杆。

图 6-8 顶线绝缘子上装设保护间隙示意图

2）变配电所防雷保护

（1）装设避雷针防止直击雷。

（2）装设避雷线或避雷器对侵入雷电波进行防护。

对于 35kV 及以上的变配电所架空进线，一般架设 1 ～ 2km 的避雷线用来防止雷击闪络引起的雷电侵入波对变电所电气设备的危害。

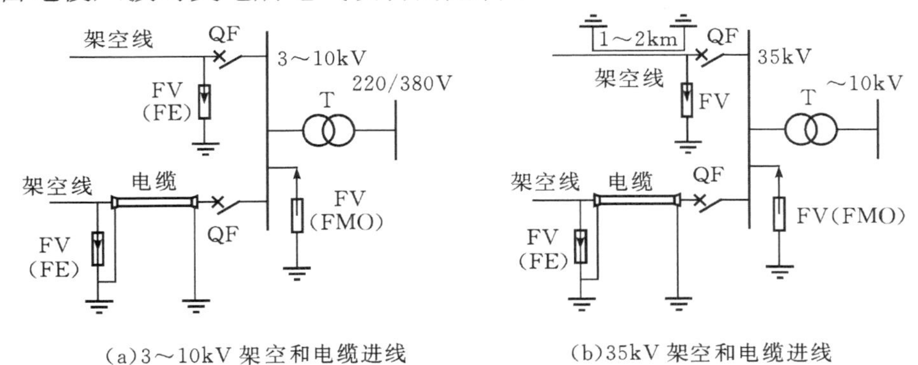

(a)3～10kV 架空和电缆进线　(b)35kV 架空和电缆进线

FV—阀型避雷器；FE—管型(排气式)避雷器；FMO—金属氧化物避雷器。

图 6-9 变配电所防护雷电波侵入示意图

3）高压电机的防雷保护

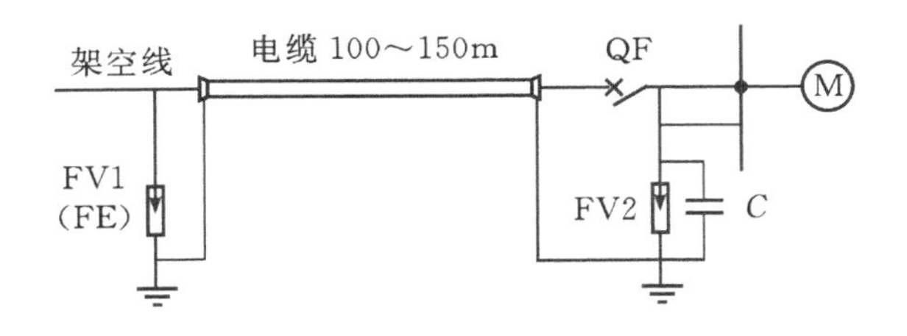

FV1—普通阀型避雷器；FE—管型（排气式）避雷器；FV2—磁吹阀型避雷器。

图 6-10 高压电机防护雷电波侵入示意图

4）配电设备防雷保护

（1）配电变压器及柱上油开关的保护。3 ～ 35kV 配电变压器一般采用阀式避雷器保护，柱上油开关可用阀型避雷器或管型避雷器来保护。

（2）低压线路的保护。低压线路的保护，是将靠近建筑物的一根电杆上的绝缘子铁脚接地。

4. 电气设备接地

接地是指电气设备的某部分与大地之间做良好的电气连接。将埋入地中并直接与大地接触的金属导体，称为接地体（或接地极）。接地体分为人工接地体和自然接地体。连接接地体与设备、装置接地部分的金属导体，称为接地线。

1）接地装置的构成

将接地线和接地体合称为接地装置。将接地体在大地中通过接地线连接起来的整体称为接地网。接地装置是由接地体和接地线两部分构成，接地线通常采用 25mm×4mm、40mm×4mm 扁钢或直径为 16mm 的圆钢。接地线又分为接地干线和接地支线。

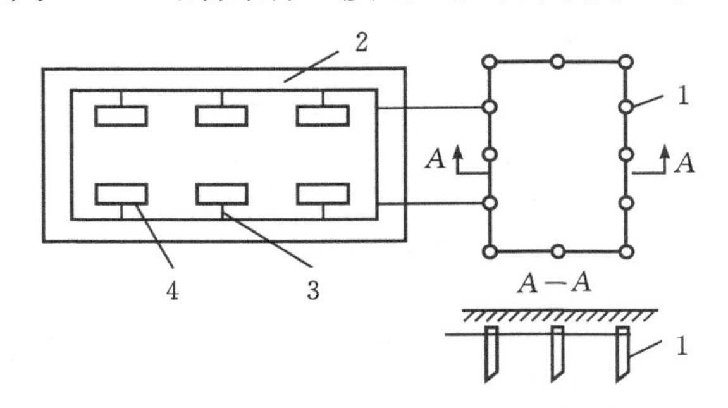

1—接地体；2—接地干线；3—接地支线；4—电气设备。

图 6-11　接地网示意图

2）工作接地

工作接地是为了保证电气设备在正常情况下可靠地工作，而进行的接地，各种工作接地都有其各自的功能。如变压器发电机的中性点直接接地，能维持三项系统中相线中电压不变等。工作接地的示意图如图 6-12 所示。

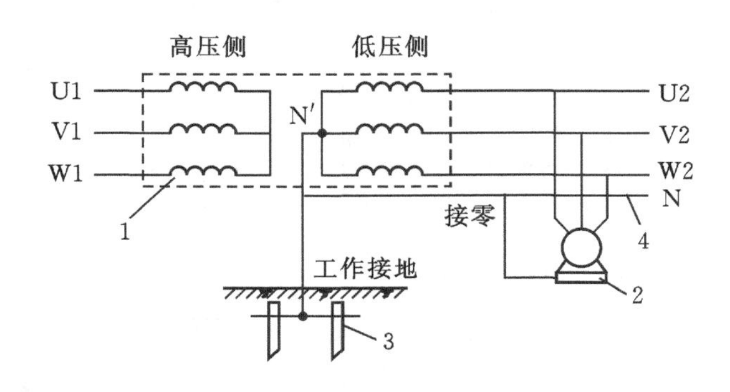

图 6-12　工作接地

3）保护接地

保护接地是将电气设备的金属外壳、配电装置的构架、线路的塔杆等正常情况下不带电，但可能因绝缘损坏而带电的所有部分接地。保护接地的作用示意图如图 6-13 所示。

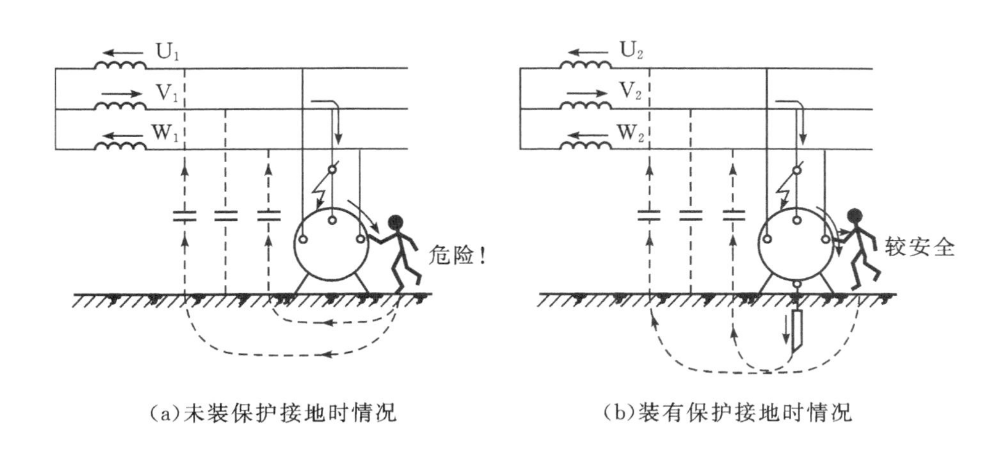

图 6-13　保护接地的作用示意图

4）重复接地

重复接地就是在中性点直接接地的系统中，在零干线的一处或多处用金属异线连接接地装置。零线重复接地能够缩短故障重复时间，降低零线上的降压损耗，减轻相、零线反接的危险性。重复接地的作用说明示意图如图 6-14 所示。

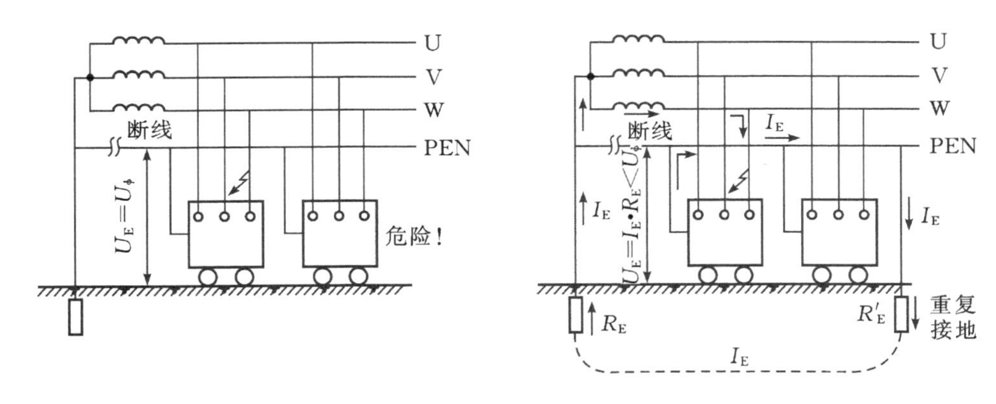

图 6-14　重复接地的作用说明示意图

教学活动四　任务实施

学习目标

1. 熟悉工厂变配电所的电气设备的选择方法及运行维护要求；
2. 能计算供配电系统的负荷及短路电流，正确选择供配电系统器件；
3. 能合理选择配电所主变压器与主接线方案，完成配电所主接线设计；
4. 能根据设计要求，正确选择电器防雷与接地方案；
5. 能根据工程实际进行工厂配电系统的设计；
6. 能与老师同学有效沟通，有团队合作精神，有良好的职业习惯。

学习场地

教室。

学习时间

16 课时。

教学过程

一、各小组计算工厂各车间的负荷，将计算结果填入负荷计算表（表 6-8）。

表6-8　各车间配电所负荷计算表

编号	名称	类别	设备容量 P_e/kW	需要系数 K_d	$\cos\varphi$	$\tan\varphi$	计算负荷			
							P_c/kW	Q_c/kvar	S_c/kV·A	I_c/A
1	锻压车间	动力	270	0.35	0.75	0.88				
2	铸造车间	动力	159	0.65	0.75	0.88				
3	金工车间	动力	163	0.35	0.65	1.17				
4	工具车间	动力	80	0.35	0.65					

续表

编号	名称	类别	设备容量 P_e/kW	需要系数 K_d	cosφ	tanφ	计算负荷			
							P_c/kW	Q_c/kvar	S_c/kV·A	I_c/A
5	电镀车间	动力	231	0.62	0.75	0.88				
6	热处理车间	动力	225	0.6	0.75	0.88				
7	装配车间	动力	175	0.72	0.65	1.17				
8	机修车间	动力	75	0.35	0.65					
9	锅炉房	动力	89	0.75	0.75	0.88				
10	仓库	动力	15	0.4	0.75	0.88				

二、确定功率补偿方案。

功率补偿方案及理由：

三、确定变配电系统主接线方式（主接线方式的种类与特点见项目一工作页），在下面画出主接线图。

四、计算短路电流，选择总配电所的电气设备材料及继电保护与防雷接地方案。

1. 10kV 侧电气设备清单（表 6-9）。

表6-9　总配电所主要电气设备与材料

选择校验项目		额定电压	额定电流	额定开断电流	动稳定度	热稳定度
装置地点条件	参数	U_N/kV	I_{30}/A	I_K/kA	I_{sh}/kA	$I_{\infty}^2 \times t$
	数据					

2. 选择高压开关柜，画出开关柜接线图。

3. 选择变配电所进出线。

（1）10kV 架空线。

（2）10kV 母线。

（3）配电所出线。

4. 继电保护方案（相关知识见项目二知识链接）。

（1）继电保护的接线方式。

（2）继电保护装置的操作方式。

5. 防雷方案。

6. 接地装置。

五、根据负荷计算结果，设计各车间配电系统。

1. 车间功率补偿的方案。

2. 车间变压器（台数及容量、型号规格）（表 6-10）。

表6-10　车间变电所所用变压器

车间变电所	变压器型号	负荷率 $\beta=S_{30}/S_e$	空载损耗 / kW	负载损耗 / kW	联结组号	台数及容量 / kV·A
NO.1						
NO.2						
NO.3						
NO.4						
NO.5						
NO.6						
NO.7						
NO.8						
NO.9						
NO.10						
NO.11						
NO.12						
NO.13						
NO.14						
NO.15						
NO.16						
NO.17						
NO.18						
NO.19						
NO.20						

3. 计算各车间短路电流（表 6-11）。

表6-11 短路电流计算表

各车间短路计算点	三相短路电流 /kA					三相短路容量 / MV · A
	$I_k^{(3)}$	$I''^{(3)}$	$I_\infty^{(3)}$	$i''^{(3)}_{sh}$	$I_{sh}^{(3)}$	$S_k^{(3)}$
车间 1						
车间 2						
车间 3						
车间 4						
车间 5						
车间 6						
车间 7						
车间 8						
车间 9						
车间 10						

4. 车间配电所一次设备（列出设备清单）。

5. 防雷方案。

6. 接地装置。

7. 车间主变压器保护方案。

教学活动五　检查控制，任务验收

学习目标

1. 能如实记录任务完成情况；
2. 能有效展示项目工作成果；
3. 能合理评价工作任务完成情况。

学习场地

教室。

学习时间

6 课时。

教学过程

1. 各小组成员自行检查任务完成情况，并对小组任务完成情况作出自我评价。
2. 各小组派代表展示项目工作成果，并作出互评。
3. 教师讲评各小组任务完成情况，评价结果填入项目考核评分表（表 6-12）。

表6-12 项目考核评分表

序号	考核内容		考核要求	评分标准	配分	自我评价10%	小组互（自）评40%	老师评价50%	综合成绩
1	职业素养	劳动纪律	按时上下课，遵守实训现场规章制度	上课迟到、早退、不服从指导老师管理，或不遵守实训现场规章制度扣1～7分	7				
		工作态度	认真完成学习任务，主动钻研专业技能，团队协作精神强	工作学习态度不端正，团队协作效果差扣1～7分	7				
		职业规范	遵守电工操作规程、规范及现场管理规定	1. 不遵守电工操作规程及规范扣1～3分 2. 不能按规定整理工作现场扣1～3分	6				
2	任务明细表填写		明确工作任务	任务明细表填写有错扣1～5分	5				
3	工作、学习计划制订		计划合理、可操作	计划制订不合理、可操作性差扣1～5分	5				
4	知识准备		1. 认真复习项目一、二中相关知识 2. 认真学习本项目教学活动三中相关知识	未完成教学任务三中相关练习扣1～15分	15				
5	任务实施		配电所主接线设计	主接线设计不合理扣1～5分	5				
			高低压电气设备与材料的选择	1. 短路电流不会计算扣5分 2. 负荷计算不正确扣1～5分 3. 电气设备材料选择不合理扣1～10分	20				
			功率因数补偿	功率因数补偿不正确扣5分	5				
			继电保护电路设计	继电保护方案不合理扣1～5分	5				
			防雷与接地	1. 防雷措施不得当扣1～5分 2. 接地保护措施不合理扣1～5分	10				

续表

序号	考核内容	考核要求	评分标准	配分	自我评价10%	小组互（自）评40%	老师评价50%	综合成绩
6	团队合作	小组成员互帮互学，相互协作	团队协作效果差扣1～5分	5				
7	创新能力	能独立思考，有分析解决实际问题能力	完成拓展学习任务得5分，部分完成酌情加分	5				
备注			合计	100				
			指导教师综合评价	指导老师签名：　　年　月　日				

教学活动六　总结拓展

学习目标

1. 能客观分析完成任务过程中的收获与存在的问题，撰写项目学习总结；
2. 能根据供配电系统的安装与设计规范，配合团队完成供配电系统的现场施工任务。

学习场地

施工现场。

学习时间

课外。

教学过程

1. 学员撰写项目学习总结，总结要素包括：学习态度、在本项目中承担的主要工作及完成情况、收获、改进方向。

项目学习总结

____

____

____

____

2. 拓展练习。

在学校统筹下，参与校内或校外的供配电系统实地施工，学习安装与接线的规范与相关技能。

附　录

附录1：工业与民用建筑部分重要电力负荷的级别

序号	建筑物名称	电力负荷名称	负荷级别
1	工业重要电力负荷的级别（据 JBJ6—1996）		
1.1	炼钢车间	容量为 100t 及以上的平炉加料起重机、浇铸起重机、倾动装置及冷却水系统的用电设备	一级
		容量为 100t 及以下的平炉加料起重机、浇铸起重机、倾动装置及冷却水系统的用电设备	二级
		平炉鼓风机、平炉用其他用电设备：5t 以上电弧炼钢炉的电极升降机构、倾炉机构及浇铸起重机	二级
		总安装容量为 30 MV·A 以上，停电会造成重大经济损失的多台大型电热装置（包括电弧炉、矿热炉、感应炉等）	一级
1.2	铸铁车间	30t 及以上的浇铸起重机、部重点企业冲天炉鼓风机	二级
1.3	热处理车间	井式炉专用淬火起重机、井式炉油糟抽油泵	二级
1.4	锻压车间	锻造专用起重机、水压机、高压水泵、油压机	二级
1.5	金属加工车间	价格昂贵、作用重大、稀有的大型数控机床：停电会造成设备损坏，如自动跟踪数控仿形铣床、强力磨床等设备	一级
		价格贵、作用大、数量多的数控机床加工部	二级
1.6	电镀车间	大型电镀工部的整流设备、自动流水作业生产线	二级
1.7	试验站	单机容量为 2 00 MW 以上的大型电机试验、主机及辅机系统、动平衡试验的润滑油系统	一级
		单机容量为 200 MW 及以下的大型电机试验、主机及辅机系统，动平衡试验的润滑油系统	二级
		采用高位油箱的动平衡试验润滑油系统	二级
1.8	层压制品车间	压机及供热锅炉	二级
1.9	线缆车间	熔炼炉的冷却水泵、鼓风机、连铸机的冷却水泵、连轧机的水泵及润滑泵 压铅机、压铝机的熔化炉、高压水泵、水压机 交联聚乙烯加工设备的挤压交联冷却、收线用电设炉；漆包机的传动机构、鼓风机、滚泵 干燥浸油缸的连续电加热、真空泵、液压泵	二级
1.10	磨具成型车间	隧道窑鼓风机、卷扬机构	二级
1.11	油漆树脂车间	2500 L 及以上的反应釜及其供热锅炉	二级
1.12	焙烧车间	隧道窑鼓风机、排风机、窑车推进机、窑门关闭机构 油加热器、油泵及其供热锅炉	二级

续表

序号	建筑物名称	电力负荷名称	负荷级别
1.13	热煤气站	煤气加压机、加压油泵及煤气发生炉鼓风机	一级
		有煤气罐的煤气加压机、有高位油箱的加压油泵	二级
		煤气发生炉加煤机及传动机构	二级
1.14	冷煤气站	鼓风机、排送机、冷却通风机、发生炉传动机构、高压整流器等	二级
1.15	锅炉房	中压及以上锅炉的给水泵	一级
		有汽动水泵时，中压及以上锅炉的给水泵	二级
		单台容量为 20 t/h 及以上锅炉的鼓风机、引风机、二次风机及炉排电机	二级
1.16	水泵房	供一级负荷用电设备的水泵	一级
		供二级负荷用电设备	二级
1.17	空压站	部重点企业单台容量为 60 m^3/min 及以上空压站的空气压缩机、独立励磁机	二级
		离心式压缩机润滑油泵	一级
		有高位油箱的离心式压缩机润滑油泵	二级
1.18	制氧站	部重点企业中的氧压机、空压机冷却水泵、润滑液压泵（带高位油箱）	二级
1.19	计算中心	大中型计算机系统电源（自带 UPS 电源）	二级
1.20	理化计量楼	主要实验室、要求高精度恒温的计量室的恒温装置电源	二级
1.21	刚玉、碳化硅冶炼车间	冶炼炉及其配套的低压用电设备	二级
1.22	涂装车间	电泳涂装的循环搅拌、超滤系统的用电设备	二级
2	民用建筑重要电力负荷的级别（据 JGJ/T16—1992）		
2.1	高层普通住宅	客梯、生活水泵电力，楼梯照明	二级
2.2	高层宿舍	客梯、生活水泵电力，主要通道照明	二级
2.3	重要办公建筑	客梯电力，主要办公室、会议室、总值班室、档案室及主要通道照明	一级
2.4	部、省级办公建筑	客梯电力，主要办公室、会议室、总值班室、档案室及主要通道照明	二级
2.5	高等学校教学楼	客梯电力，主要通道照明	三级①
2.6	一、二级旅馆	经营管理用及设备管理用电子计算机系统电源	一级④
		宴会厅电声、新闻摄影、录像电源，宴会厅、餐厅、娱乐厅、高级客房、康乐设施、厨房及主要通道照明，地下室污水泵、雨水泵电力，厨房部分电力，部分客梯电力	一级
		其余客梯电力，一般客房照明	二级

续表

序号	建筑物名称	电力负荷名称	负荷级别
2.7	科研院所重要实验室		一级②
2.8	市（地区）级及以上气象台	主要业务用电子计算机系统电源	一级④
		气象雷达、电报及传真收发设备、卫星云图接收机及语言广播电源，天气绘图及预报照明	一级
		客梯电力	二级
2.9	高等学校重要实验室		一级②
2.10	计算中心	主要业务用电子计算机系统电源	一级
		客梯电力	二级
2.11	大型博物馆、展览馆	防盗信号电源，珍贵展品展室的照明	一级④
		展览用电	二级
2.12	中等剧场	调光用电子计算机系统电源	一级④
		舞台、贵宾室、演员化妆室照明、舞台机械电力，电声、广播及电视转播、新闻摄影电源	一级
2.13	甲等电影院		二级
2.14	重要图书馆	检索用电子计算机系统电源	一级④
		其他用电	二级
2.15	省、自治区、直辖市及以上体育馆、体育场	计时记分用电子计算机系统电源	一级④
		比赛厅（场）、主席台、贵宾室、接待室及广场照明，电声、广播及电视转播、新闻摄影电源	一级
2.16	县（区）级及以上医院	急诊部用房、监护病房、手术部、分娩室、婴儿室、血液病房的净化室、血液透析室、病理切片分析室、CT 扫描室、区域用中心血库、高压氧仓、加速器机房和治疗室及配血室的电力和照明，培养箱、冰箱、恒温箱的电源	一级
		电子显微镜电源，客梯电力	二级
2.17	银行	主要业务用电子计算机系统电源，防盗信号电源	一级④
		客梯电力、营业厅、门厅照明	二级③

续表

序号	建筑物名称	电力负荷名称	负荷级别
2.18	大型百货商店	经营管理用电子计算机系统电源	一级④
		营业厅、门厅照明	一级
		自动扶梯、客梯电力	二级
2.19	中型百货商店	营业厅、门厅照明，客梯电力	二级
2.20	广播电台	电子计算机系统电源	一级④
		直接播出的语言播音室、控制室、微波设备及发射机房的电力和照明	一级
		主要客梯电力，楼梯照明	二级
2.21	电视台	电子计算机系统电源	一级④
		直接播出的电视演播厅、中心机房、录像室、微波机房及发射机房的电力和照明	一级
		洗印室、电视电影室、主要客梯电力，楼梯照明	二级
2.22	火车站	特大型站和国境站的旅客站房、站、天桥、地道的用电设备	一级
2.23	民用机场	航行管制、导航、通信、气象、助航灯光系统的设施和台站；边防、海关、安全检查设备；航班预报设备；三级以上油库；为飞行及旅客服务的办公用房；旅客活动场所的应急照明	一级④
		候机楼、外航驻机场办事处、机场宾馆及旅客过夜用房、站坪照明、站坪机务用电	一级
		其他用电	二级
2.24	水运客运站	通信枢纽，导航设施，收发电信台	一级
		港口重要作业区，一等客运站用电	二级
2.25	汽车客运站	一、二级站	二级
2.26	市话局、电信枢纽、卫星地面站	载波机、微波机、长途电话交换机、市内电话交换机、文件传真机、会议电话、移动通信及卫星通信等通讯设备的电源；载波机室、微波机室、交换机室、测量室、转接台室、传输室、电力室、电池室、文件传真机室、会议电话室、移动通信室、调度机室及卫星地面站的应急照明，营业厅照明，用户电传机	一级⑤
		主要客梯电力，楼梯照明	二级
2.27	冷库	大型冷库，有特殊要求的冷库的一台氨压缩机及其附属设备的电力，电梯电力，库内照明	二级
2.28	监狱	警卫照明	一级

注：①仅当建筑物为高层建筑时，其客梯电力、楼梯照明为二级负荷。

②此处系指高等学校、科研院所中一旦中断供电将造成人身伤亡或重大政治影响、经济损失的实验室，例如生物制品实验室等。

③在面积较大的银行营业厅中，供暂时工作用的应急照明为一级负荷。

④该一级负荷为特别重要负荷。

⑤重要通信枢纽的一级负荷为特别重要负荷。

附录2：用电设备组的需要系统数、二项式系数及功率因数

用电设备组名称	需要系数 K_d	二项式系数		最大容量设备台数 X①	$\cos\varphi$	$\tan\varphi$
		b	c			
小批生产的金属冷加工机床电机	0.16 ～ 0.2	0.14	0.4	5	0.5	1.73
大批生产的金属冷加工机床电机	0.18～0.25	0.14	0.5	5	0.5	1.73
小批生产的金属冷加工机床电机	0.25 ～ 0.3	0.24	0.4	5	0.6	1.33
大批生产的金属冷加工机床电机	0.3 ～ 0.35	0.26	0.5	5	0.65	1.17
通风机、水泵、空压机及电动发电机组电机	0.7 ～ 0.8	0.65	0.25	5	0.8	0.75
非连锁的连续运输机械及铸造车间整砂机械	0.5 ～ 0.6	0.4	0.2	5	0.75	0.88
连锁的连续运输机械及铸造车间整砂机械	0.65 ～ 0.7	0.6	0.2	5	0.75	0.88
锅炉房和机加、机修、装配等类车间的吊车（ε=25%）	0.1 ～ 0.15	0.06	0.2	3	0.5	1.73
铸造车间的吊车（ε=25%）	0.15～0.25	0.09	0.3	3	0.5	1.73
自动连续装料的电阻炉设备	0.75 ～ 0.8	0.7	0.3	2	0.95	0.33
实验室用的小型电热设备（电阻炉、干燥箱等）	0.7	0.7	0	—	1.0	0
工频感应电炉（未带无功补偿设备）	0.8	—	—	—	0.35	2.68
高频感应电炉（未带无功补偿设备）	0.8	—	—	—	0.6	1.33
电弧熔炉	0.9	—	—	—	0.87	0.57
点焊机、缝焊机	0.35	—	—	—	0.6	1.33
对焊机、铆钉加热机	0.35	—	—	—	0.7	1.02
自动弧焊变压器	0.5	—	—	—	0.4	2.29
单头手动弧焊变压器	0.35	—	—	—	0.35	2.68
多头手动弧焊变压器	0.4	—	—	—	0.35	2.68

续表

用电设备组名称	需要系数 K_d	二项式系数		最大容量设备台数 X①	$\cos\varphi$	$\tan\varphi$
		b	c			
单头弧焊电动发电机组	0.35	—	—	—	0.6	1.33
多头弧焊电动发电机组	0.7	—	—	—	0.75	0.88
生产厂房及办公室、阅览室、实验室照明②	0.8 ～ 1	—	—	—	1.0	0
变配电所、仓库照明②	0.5 ～ 0.7	—	—	—	1.0	0
宿舍（生活区）照明②	0.6 ～ 0.8	—	—	—	1.0	0
室外照明、应急照明②	1	—	—	—	1.0	0

注：①如果用电设备组的设备总台数 $n<2X$ 时，则取 $X=n/2$，且“四舍五入”的修约规则取其整数。

②这里的 $\cos\varphi$ 和 $\tan\varphi$ 值均为白炽灯照明的数值。如为荧光灯照明，则取 $\cos\varphi=0.9$，$\tan\varphi=0.48$；如为高压汞灯或钠灯，则取 $\cos\varphi=0.5$，$\tan\varphi=1.73$。

附录3：部分万能式低压断路器的主要技术数据

型号	脱扣器额定电流 /A	长延时动作整定电流 /A	短延时动作整定电流 /A	瞬时动作整定电流 /A	单相接地短路动作电流 /A	分断能力	
						电流 /kA	$\cos\varphi$
DW15-200	100	64 ～ 100	300 ～ 1000	300 ～ 1000 800 ～ 2000	—	20	0.35
	150	98 ～ 150	—	—			
	200	128 ～ 200	600 ～ 2000	600 ～ 2000 1600 ～ 4000			
DW15-400	200	128 ～ 200	600 ～ 2000	600 ～ 2000 1600 ～ 4000	—	25	0.35
	300	192 ～ 300	—	—			
	400	256 ～ 400	1200 ～ 4000	3200 ～ 8000			
DW15-600	300	192 ～ 300	900 ～ 3000	900 ～ 3000 1400 ～ 6000	—	30	0.35
	400	256 ～ 400	1200 ～ 4000	1200 ～ 4000 3200 ～ 8000			
	600	384 ～ 600	1800 ～ 6000				

续表

型号	脱扣器额定电流 /A	长延时动作整定电流 /A	短延时动作整定电流 /A	瞬时动作整定电流 /A	单相接地短路动作电流 /A	分断能力	
						电流 /kA	cosφ
DW15-1000	600	420 ～ 600	1800 ～ 6000	6000 ～ 12000	—	40 短延时 30	0.35
	800	560 ～ 800	2400 ～ 8000	800 ～ 16000			
	1000	700 ～ 1000	3000 ～ 10000	10000 ～ 20000			
DW15-1500	1500	1050 ～ 1500	4500 ～ 15000	15000 ～ 30000	—		
DW15-2500	1500	1050 ～ 1500	4500 ～ 9000	10500 ～ 21000	—	60 短延时 40	0.2 短延时 0.25
	2000	1400 ～ 1000	6000 ～ 12000	14000 ～ 28000			
	2500	1750 ～ 2500	7500 ～ 15000	17500 ～ 35000			
DW15-4000	2500	1750 ～ 2500	7500 ～ 15000	17500 ～ 35000	—	80 短延时 60	0.2
	3000	2100 ～ 3000	9000 ～ 18000	21000 ～ 42000			
	4000	2800 ～ 4000	12000 ～ 24000	28000 ～ 56000			
DW16-630	100	64 ～ 100	—	300 ～ 600	50	30 （380V） 20 （660V）	0.25 （380V） 0.3 （660V）
	160	102 ～ 160		480 ～ 960	80		
	200	128 ～ 200		600 ～ 1200	100		
	250	160 ～ 250		750 ～ 1500	125		
	315	202 ～ 315		945 ～ 1890	158		
	400	256 ～ 400		1200 ～ 2400	200		
	630	403 ～ 630		1890 ～ 3780	315		
DW16-2000	800	512 ～ 800	—	2400 ～ 4800	400	50	—
	1000	640 ～ 1000		3000 ～ 6000	500		
	1600	1024 ～ 1600		4800 ～ 9600	800		
	2000	1280 ～ 2000		6000 ～ 12000	1000		
DW16-4000	2500	1400 ～ 2500	—	7500 ～ 15000	1250	80	—
	3200	2048 ～ 3200		9600 ～ 19200	1600		
	4000	2560 ～ 4000		12000 ～ 24000	2000		

续表

型号	脱扣器额定电流/A	长延时动作整定电流/A	短延时动作整定电流/A	瞬时动作整定电流/A	单相接地短路动作电流/A	分断能力	
						电流/kA	$\cos\varphi$
DW17-630（ME630）	630	200～400 350～630	3000～5000 5000～8000	1000～2000 1500～3000 2000～4000 4000～8000	—	50	0.25
DW17-800（ME800）	800	200～400 350～630 500～800	3000～5000 5000～8000	1500～3000 2000～4000 4000～8000	—	50	0.25
DW17-1000（ME1000）	1000	350～630 500～1000	3000～5000 5000～8000	1500～3000 2000～4000 4000～8000	—	50	0.25
DW17-1250（ME1250）	1250	500～1000 750～1250	3000～5000 5000～8000	2000～4000 4000～8000	—	50	0.25
DW17-1600（ME1600）	1600	500～10000 900～1600	3000～5000 5000～8000	4000～8000	—	50	0.25
DW17-2000（ME2000）	2000	500～1000 1000～2000	5000～8000 7000～12000	4000～8000 6000～12000	—	80	0.2
DW17-2500（ME2500）	2500	1500～2500	7000～12000 8000～12000	6000～12000	—	80	0.2
DW17-3200（ME3200）	3200	—	—	8000～16000	—	80	0.2
DW17-4000（ME4000）	4000	—	—	10000～20000	—	80	0.2

注：表中低压断路器的额定电压：DW15，直流220V，交流380V、660V、1140V；DW16，交流400V、660V；DW17（ME），交流380～660V。

附录4：电力电缆的电阻和电抗值

额定截面/mm^2	电阻/（$\Omega\cdot km^{-1}$）								电抗/（$\Omega\cdot km^{-1}$）					
	铝芯电缆				铜芯电缆				纸绝缘电缆			塑料电缆*		
	缆芯工作温度/℃								额定电压/kV					
	55	60	75	80	55	60	75	80	1	6	10	1	6	10
2.5	—	14.38	15.13	—	—	8.54	8.98	—	0.098	—	—	0.100	—	—
4	—	8.99	9.45	—	—	5.34	5.61	—	0.091	—	—	0.093	—	—
6	—	6.00	6.31	—	—	3.56	3.75	—	0.087	—	—	0.091	—	—
10	—	3.60	3.78	—	—	2.13	2.25	—	0.081	—	—	0.087	—	—
16	2.21	2.25	2.36	2.40	1.31	1.33	1.40	1.43	0.077	0.099	0.110	0.082	0.124	0.133
25	1.41	1.44	1.51	1.54	0.84	0.85	0.90	0.91	0.067	0.088	0.098	0.075	0.111	0.120
35	1.01	1.03	1.08	1.10	0.60	0.61	0.64	0.35	0.065	0.083	0.092	0.073	0.105	0.113
50	0.71	0.72	0.76	0.77	0.42	0.43	0.45	0.46	0.063	0.079	0.087	0.071	0.099	0.107
70	0.51	0.52	0.54	0.56	0.30	0.31	0.32	0.33	0.062	0.076	0.083	0.070	0.093	0.101
95	0.37	0.38	0.40	0.41	0.22	0.23	0.24	0.24	0.062	0.074	0.080	0.070	0.089	0.096
120	0.29	0.30	0.31	0.32	0.17	0.18	0.19	0.19	0.062	0.072	0.078	0.070	0.087	0.095
150	0.24	0.24	0.25	0.26	0.14	0.14	0.15	0.15	0.062	0.071	0.077	0.070	0.085	0.093
185	0.20	0.20	0.21	0.21	0.12	0.12	0.12	0.13	0.062	0.070	0.075	0.070	0.082	0.090
240	0.15	0.16	0.16	0.16	0.09	0.09	0.10	0.11	0.062	0.069	0.073	0.070	0.080	0.087

注：①*表中塑料电缆包括聚氯乙烯绝缘电缆和交联电缆。

②1KV级4～5芯电缆的电阻和电抗值可近似地取用同级3芯电缆的电阻和电抗值（本表为3芯电缆值）。

附录5：室内明敷和穿管的绝缘导线的电阻和电抗值

导线线芯额定截面 /mm^2	电阻 /（$\Omega\cdot km^{-1}$）				电抗 /（$\Omega\cdot km^{-1}$）					
	导线温度 /°C				明敷线距 /mm				导线穿管	
	50		60		100		150			
	铝芯	铜芯	铝芯	铜芯	铝芯	铜芯	铝芯	铜芯	铝芯	铜芯
1.5	—	14.00	—	14.50	—	0.324	—	0.368	—	0.138
2.5	13.33	8.40	13.80	8.70	0.327	0.327	0.353	0.353	0.127	0.127
4	8.25	5.20	8.55	5.38	0.312	0.312	0.338	0.338	0.119	0.119
6	5.53	3.48	5.75	3.61	0.300	0.300	0.325	0.325	0.112	0.112
10	3.33	2.05	3.45	2.12	0.280	0.280	0.306	0.306	0.108	0.108
16	2.08	1.25	2.16	1.30	0.265	0.265	0.290	0.290	0.102	0.102
25	1.31	0.81	1.36	0.84	0.251	0.251	0.277	0.277	0.099	0.099
35	0.94	0.58	0.97	0.60	0.241	0.241	0.266	0.266	0.095	0.095
50	0.65	0.40	0.67	0.41	0.229	0.229	0.251	0.251	0.091	0.091
70	0.47	0.29	0.49	0.30	0.219	0.219	0.242	0.242	0.088	0.088
95	0.35	0.22	0.36	0.23	0.206	0.206	0.231	0.231	0.085	0.085
120	0.28	0.17	0.29	0.18	0.199	0.199	0.223	0.223	0.083	0.083
150	0.22	0.14	0.23	0.14	0.191	0.191	0.216	0.216	0.082	0.082
185	0.18	0.11	0.19	0.12	0.184	0.184	0.209	0.209	0.081	0.081
240	0.14	0.09	0.14	0.09	0.178	0.178	0.200	0.200	0.080	0.080

附录6：S9系列低损耗油浸式铜绕组电力变压器的主要技术数据

额定容量 /（kV·A）	额定电压 /kV		联结组标号	损耗 /W		空载电流 /%	阻抗电压 /%
	一次	二次		空载	负载		
30	11，10.5，10，6.3，6	0.4	Yyn0	130	600	21	4
50	11，10.5，10，6.3，6	0.4	Yyn0	170	870	2.0	4
			Dyn11	175	870	4.5	4
63	11，10.5，10，6.3，6	0.4	Yyn0	200	1040	1.9	4
			Dyn11	210	1030	4.5	4
80	11，10.5，10，6.3，6	0.4	Yyn0	240	1250	1.8	4
			Dyn11	250	1240	4.5	4

续表

额定容量/（kV·A）	额定电压/kV		联结组标号	损耗/W		空载电流/%	阻抗电压/%
	一次	二次		空载	负载		
100	11，10.5，10，6.3，6	0.4	Yyn0	290	1500	1.6	4
			Dyn11	300	1470	4.0	4
125	11，10.5，10，6.3，6	0.4	Yyn0	340	1800	1.5	4
			Dyn11	360	1720	4.0	4
160	11，10.5，10，6.3，6	0.4	Yyn0	400	2200	1.4	4
			Dyn11	430	2100	3.5	4
200	11，10.5，10，6.3，6	0.4	Yyn0	480	2600	1.3	4
			Dyn11	500	2500	3.5	4
250	11，10.5，10，6.3，6	0.4	Yyn0	560	3050	1.2	4
			Dyn11	600	2900	3.0	4
315	11，10.5，10，6.3，6	0.4	Yyn0	670	3650	1.1	4
			Dyn11	720	3450	3.0	4
400	11，10.5，10，6.3，6	0.4	Yyn0	800	4300	1.0	4
			Dyn11	870	4200	3.0	4
500	11，10.5，10，6.3，6	0.4	Yyn0	960	5100	1.0	4
			Dyn11	1030	4950	3.0	4
	11，10.5，10	6.3	Yd11	1030	4950	1.5	4.5
630	11，10.5，10，6.3，6	0.4	Yyn0	1200	6200	0.9	4.5
			Dyn11	1300	5800	1.0	5
	11，10.5，10	6.3	Yd11	1200	6200	1.5	4.5
800	11，10.5，10，6.3，6	0.4	Yyn0	1400	7500	0.8	4.5
			Dyn11	1400	7500	2.5	5
	11，10.5，10	6.3	Yd11	1400	7500	1.4	5.5
1000	11，10.5，10，6.3，6	0.4	Yyn0	1700	10300	0.7	4.5
			Dyn11	1700	9200	1.7	5
	11，10.5，10	6.3	Yd11	1700	9200	1.4	5.5
1250	11，10.5，10，6.3，6	0.4	Yyn0	1950	12000	0.6	4.5
			Dyn11	2000	11000	2.5	5
	11，10.5，10	6.3	Yd11	1950	12000	1.3	5.5

续表

额定容量/（kV·A）	额定电压/kV		联结组标号	损耗/W		空载电流/%	阻抗电压/%
	一次	二次		空载	负载		
1600	11，10.5，10，6.3，6	0.4	Yyn0	2400	14500	0.6	4.5
			Dyn11	2400	14000	2.5	6
	11，10.5，10	6.3	Yd11	2400	14500	1.3	5.5
2000	11，10.5，10，6.3，6	0.4	Yyn0	3000	18000	0.8	6
			Dyn11	3000	18000	0.8	6
	11，10.5，10	6.3	Yd11	3000	18000	1.2	6
2500	11，10.5，10，6.3，6	0.4	Yyn0	3500	25000	0.8	6
			Dyn11	3500	25000	0.8	6
	11，10.5，10	6.3	Yd11	3500	19000	1.2	5.5
3150	11，10.5，10	6.3	Yd11	4100	23000	1.0	5.5
4000	11，10.5，10	6.3	Yd11	5000	26000	1.0	5.5
5000	11，10.5，10	6.3	Yd11	6000	30000	0.9	5.5
6300	11，10.5，10	6.3	Yd11	7000	35000	0.9	5.5
50	35	0.4	Yyn0	250	1180	2.0	6.5
100	35	0.4	Yyn0	350	2100	1.9	6.5
125	35	0.4	Yyn0	400	1950	2.0	6.5
160	35	0.4	Yyn0	450	2800	1.8	6.5
200	35	0.4	Yyn0	530	3300	1.7	6.5
250	35	0.4	Yyn0	610	3900	1.6	6.5
315	35	0.4	Yyn0	720	4700	1.5	6.5
400	35	0.4	Yyn0	880	5700	1.4	6.5
500	35	0.4	Yyn0	1030	6900	1.3	6.5
630	35	0.4	Yyn0	1250	8200	1.2	6.5
800	35	0.4	Yyn0	1480	9500	1.1	6.5
		10.5 6.3 3.15	Yd11	1480	8800	1.1	6.5
1000	35	0.4	Yyn0	1750	12000	1.0	6.5
		10.5 6.3 3.15	Yd11	1750	11000	1.0	6.5

续表

额定容量/（kV·A）	额定电压/kV		联结组标号	损耗/W		空载电流/%	阻抗电压/%
	一次	二次		空载	负载		
1250	35	0.4	Yyn0	2100	14500	0.9	6.5
		10.5 6.3 3.15	Yd11	2100	14500	0.9	6.5
1600	35	0.4	Yyn0	2500	17500	0.8	6.5
		10.5 6.3 3.15	Yd11	2500	16500	0.8	6.5
2000	35	10.5 6.3 3.15	Yd11	3200	16800	0.8	6.5
2500	35		Yd11	3800	19500	0.8	6.5
3150	38.5，35	10.5 6.3 3.15	Yd11	4500	22500	0.8	7
4000				5400	27000	0.8	7
5000				6500	31000	0.7	7
6300				7900	34500	0.7	7.5

附录7：部分企业的全厂需要系数、功率因数及年最大有功负荷利用小时数

企业名称	需要系数	功率因数	年最大有功负荷利用小时数/h	企业名称	需要数数	功率因数	年最大有功负荷利用小时数/h
汽轮机制造厂	0.38	0.88	5000	量具刃具制造厂	0.26	0.60	3800
锅炉制造厂	0.27	0.73	4500	工具制造厂	0.34	0.65	3800
柴油机制造厂	0.32	0.74	4500	电机制造厂	0.33	0.75	3000
重型机械制造厂	0.35	0.79	3700	电器开关制造厂	0.35	0.73	3400
重型机床制造厂	0.32	0.71	3700	电线电缆制造厂	0.35	0.73	3500
机床制造厂	0.20	0.65	3200	仪器仪表制造厂	0.37	0.81	3500
石油机械制造厂	0.45	0.78	3500	滚珠轴制造厂	0.28	0.70	5800

附录8：并联电容器的主要技术数据

型号	额定容量 /kvar	额定电容 /μF	型号	额定容量 /kvar	额定电容 /μF
BCMJ0.4-4-3	4	80	BGMJ0.4-3.3-3	3.3	66
BCMJ0.4-5-3	5	100	BGMJ0.4-5-3	5	99
BCMJ0.4-8-3	8	160	BGMJ0.4-10-3	10	198
BCMJ0.4-10-3	10	200	BGMJ0.4-12-3	12	230
BCMJ0.4-15-3	15	300	BGMJ0.4-15-3	15	298
BCMJ0.4-20-3	20	400	BGMJ0.4-20-3	20	398
BCMJ0.4-25-3	25	500	BGMJ0.4-25-3	25	498
BCMJ0.4-30-3	30	600	BGMJ0.4-30-3	30	598
BCMJ0.4-40-3	40	800	BWF0.4-14-1/3	14	279
BCMJ0.4-50-3	50	1000	BWF0.4-16-1/3	16	318
BKMJ0.4-6-1/3	6	120	BWF0.4-20-1/3	20	398
BKMJ0.4-7.5-1/3	7.5	150	BWF0.4-25-1/3	25	498
BKMJ0.4-9-1/3	9	180	BWF0.4-75-1/3	75	1500
BKMJ0.4-12-1/3	12	240	BWF10.5-16-1	16	0.462
BKMJ0.4-15-1/3	15	300	BWF10.5-25-1	25	0.722
BKMJ0.4-20-1/3	20	400	BWF10.5-30-1	30	0.866
BKMJ0.4-25-1/3	25	500	BWF10.5-40-1	40	1.155
BKMJ0.4-30-1/3	30	600	BWF10.5-50-1	50	1.44
BKMJ0.4-40-1/3	40	800	BWF10.5-100-1	100	2.89
BGMJ0.4-2.5-3	2.5	55			

注：①额定频率为50Hz。

②符号末“1/3”表示有单相和三相两种。

附录9：无功补偿率Δq_c

补偿前的功率因数 $\cos\Phi_1$	补偿后的功率因数 $\cos\Phi_2$								
	0.85	0.86	0.88	0.90	0.92	0.94	0.96	0.97	1.00
0.60	0.71	0.74	0.79	0.85	0.91	0.97	1.04	1.13	1.33
0.62	0.65	0.67	0.73	0.78	0.84	0.90	0.98	1.06	1.27
0.64	0.58	0.61	0.66	0.72	0.77	0.84	0.91	1.00	1.20
0.66	0.52	0.55	0.60	0.65	0.71	0.78	0.85	0.94	1.14

续表

<table>
<tr><th rowspan="2">补偿前的功率因数 cosΦ_1</th><th colspan="9">补偿后的功率因数 cosΦ_2</th></tr>
<tr><th>0.85</th><th>0.86</th><th>0.88</th><th>0.90</th><th>0.92</th><th>0.94</th><th>0.96</th><th>0.97</th><th>1.00</th></tr>
<tr><td>0.68</td><td>0.46</td><td>0.48</td><td>0.54</td><td>0.59</td><td>0.65</td><td>0.71</td><td>0.79</td><td>0.88</td><td>1.08</td></tr>
<tr><td>0.70</td><td>0.40</td><td>0.43</td><td>0.48</td><td>0.54</td><td>0.59</td><td>0.66</td><td>0.73</td><td>0.82</td><td>1.02</td></tr>
<tr><td>0.72</td><td>0.34</td><td>0.37</td><td>0.42</td><td>0.48</td><td>0.54</td><td>0.60</td><td>0.67</td><td>0.76</td><td>0.96</td></tr>
<tr><td>0.74</td><td>0.29</td><td>0.31</td><td>0.37</td><td>0.42</td><td>0.48</td><td>0.54</td><td>0.62</td><td>0.71</td><td>0.91</td></tr>
<tr><td>0.76</td><td>0.23</td><td>0.26</td><td>0.31</td><td>0.37</td><td>0.43</td><td>0.49</td><td>0.56</td><td>0.65</td><td>0.85</td></tr>
<tr><td>0.78</td><td>0.18</td><td>0.21</td><td>0.26</td><td>0.32</td><td>0.38</td><td>0.44</td><td>0.51</td><td>0.60</td><td>0.80</td></tr>
<tr><td>0.80</td><td>0.13</td><td>0.16</td><td>0.21</td><td>0.27</td><td>0.32</td><td>0.39</td><td>0.46</td><td>0.55</td><td>0.73</td></tr>
</table>

附录10：部分高压断路器的主要技术数据

<table>
<tr><th>类型</th><th>型号</th><th>额定电压 /kV</th><th>额定电流 /A</th><th>开断电流 /kA</th><th>断流容量 /（MV·A）</th><th>动稳定电流峰值 /kA</th><th>热稳定电流 /kA</th><th>固有分闸时间 /S ≤</th><th>合闸时间 /S ≤</th><th>配用操动机构型号</th></tr>
<tr><td rowspan="2">少油户外</td><td>SW2-35/1000</td><td rowspan="2">35</td><td>1000</td><td>16.5</td><td>1000</td><td>45</td><td>16.4（4s）</td><td rowspan="2">0.06</td><td rowspan="2">0.4</td><td rowspan="2">CT2-XG</td></tr>
<tr><td>SW2-35/1500</td><td>1500</td><td>24.8</td><td>1500</td><td>63.4</td><td>24.8（4s）</td></tr>
<tr><td rowspan="9">少油户内</td><td>SN10-35 Ⅰ</td><td rowspan="2">35</td><td>1000</td><td>16</td><td>1000</td><td>45</td><td>16（4s）</td><td rowspan="2">0.06</td><td rowspan="2">0.2
0.25</td><td rowspan="2">CT10
CD10</td></tr>
<tr><td>SN10-35 Ⅱ</td><td>1250</td><td>20</td><td>1200</td><td>50</td><td>20（4s）</td></tr>
<tr><td rowspan="2">SN10-10 Ⅰ</td><td rowspan="6">10</td><td>630</td><td>16</td><td>300</td><td>40</td><td>16（4s）</td><td rowspan="2">0.06</td><td rowspan="2">0.15
0.2</td><td rowspan="2">CT8
CD101</td></tr>
<tr><td>1000</td><td>16</td><td>300</td><td>40</td><td>16（4s）</td></tr>
<tr><td>SN10-10 Ⅱ</td><td>1000</td><td>31.5</td><td>500</td><td>80</td><td>31.5（4s）</td><td>0.06</td><td>0.2</td><td>CD10
Ⅰ、Ⅱ</td></tr>
<tr><td rowspan="3">SN10-10 Ⅲ</td><td>1250</td><td>40</td><td>750</td><td>125</td><td>40（4s）</td><td rowspan="3">0.07</td><td rowspan="3">0.2</td><td rowspan="3">CD10 Ⅲ</td></tr>
<tr><td>2000</td><td>40</td><td>750</td><td>125</td><td>40（4s）</td></tr>
<tr><td>3000</td><td>40</td><td>750</td><td>125</td><td>40（4s）</td></tr>
<tr><td>ZN12-35</td><td>35</td><td>1250
1600
2000</td><td>25
31.5</td><td>—</td><td>63
80</td><td>25（4s）
31.5（4s）</td><td>0.075</td><td>0.09</td><td>CT（专用）</td></tr>
</table>

续表

类型	型号		额定电压/kV	额定电流/A	开断电流/kA	断流容量/（MV·A）	动稳定电流峰值/kA	热稳定电流/kA	固有分闸时间/S≤	合闸时间/S≤	配用操动机构型号
真空户内	ZN12-10	Ⅰ	10	1250	31.5	—	80	31.5（4s）	0.065	0.075	CT（专用）
		Ⅱ		1600							
		Ⅲ		2000							
		Ⅳ		2500							
	ZN12-10	Ⅴ		1600		—	100	40（4s）	0.065	0.075	CT（专用）
		Ⅵ		2000							
		Ⅶ		3150							
	ZN12-10	Ⅷ		1600		—	125	50（3s）	0.065	0.075	CT（专用）
		Ⅸ		2000							
		Ⅹ		3150							
六氟化硫（SF_6）户内	LN2-35	Ⅰ	35	1250	16	—	40	16（4s）	0.06	0.15	CT12 Ⅱ
		Ⅱ		1250	25		63	25（4s）			
		Ⅲ		1600	25		63	25（4s）			
	LN2-10		10	1250	25	—	63	25（4s）	0.06	0.5	CT12 Ⅰ

附录11：导体正常和短路时的最高允许温度及热稳定系数

导体种类和材料			最高允许温度/℃		热稳定系数 C/（A S·mm^{-2}）
			额定负荷时	短路时	
母线	铜		70	300	171
	铝		70	200	87
油浸纸绝缘电缆	铜芯	1～3kV	80	250	148
		6kV	65（80）	250	150
		10kV	60（65）	250	450
		35kV	50（65）	175	
	铝芯	1～3kV	80	200	84
		6kV	65（80）	200	87
		10kV	60（65）	200	88
		35kV	50（65）	175	

续表

导体种类和材料		最高允许温度 /℃		热稳定系数 C/（A S·mm^{-2}）
		额定负荷时	短路时	
橡皮绝缘导线和电缆	铜芯	65	150	131
	铝芯	65	150	87
聚氯乙烯绝缘导线和电缆	铜芯	70	160	115
	铝芯	70	160	76
交联聚乙烯绝缘电缆	铜芯	90（80）	250	137
	铝芯	90（80）	200	77

注：①表中电缆（除橡皮绝缘电缆外）的最高允许温度是根据 GB50217—1994《电力工程电缆设计规范》编制；表中热稳定系数是参照《工业与民用配电设计手册》编制。

②表中“油浸纸绝缘电缆”中加括号的数字，适用于“不滴流纸绝缘电缆”。

③表中“交联聚乙烯绝缘电缆”中加括号的数字，适用于 10kV 以上的电压。

附录12：架空线导线的最小允许截面

线路类别		导线最小截面 /mm^2		
		铝及铝合金线	钢芯铝线	铜绞线
35kV 及以上线路		35	35	35
3 ～ 10kV 线路	居民区	35	25	25
	非居民区	25	16	16
低压线路	一般	16	16	16
	与铁路交叉跨越挡	35	16	16

附录13：绝缘导线芯线的最小允许截面

线路类别		芯线最小截面 /mm^2		
		铜芯软线	铜线	铝线
照明用灯头引下线	室内	0.5	1.0	2.5
	室外	1.0	1.0	2.5
移动式设备线路	生活用	0.75	—	—
	生产用	1.0	—	—

续表

线路类别				芯线最小截面 /mm²		
				铜芯软线	铜线	铝线
敷设在绝缘支持件上的绝缘导线，（L 为支持点间距）	室内	$L \leqslant 2\text{m}$		—	1.0	2.5
	室外	$L \leqslant 2\text{m}$		—	1.5	2.5
	室内外	$2\text{m} < L \leqslant 6\text{m}$		—	2.5	4
		$6\text{m} < L \leqslant 15\text{m}$		—	4	6
		$15\text{m} < L \leqslant 25\text{m}$		—	6	10
穿管敷设的绝缘导线				1.0	1.0	2.5
沿墙明敷的塑料护套线				—	1.0	2.5
板孔穿线敷设的绝缘导线				—	1.0（0.75）	2.5
PE 线和 PEN 线		有机械保护时		—	1.5	2.5
		无机械保护时	多芯线	—	2.5	4
			单芯干线	—	10	16

附录14：LJ型铝绞线、LGJ型钢芯铝绞线和LMY型硬铝母线的主要技术数据

1. LJ 型铝绞线的主要技术数据										
额定截面 /mm²	16	25	35	50	70	95	120	150	185	240
实际截面 /mm²	15.9	25.4	34.4	49.5	71.3	95.1	121	148	183	239
股数 / 外径（单位为 mm）	7/ 5.10	7/ 6.45	7/ 7.50	7/ 9.00	7/ 10.8	7/ 12.5	7/ 14.3	7/ 15.8	7/ 17.5	7/ 20.0
50°C 时电阻 /（$\Omega \cdot km^{-1}$）	2.07	1.33	0.96	0.66	0.48	0.36	0.28	0.23	0.18	0.14
线间几何均距 /mm	线路电抗 /（$\Omega \cdot km^{-1}$）									
600	0.36	0.35	0.34	0.33	0.32	0.31	0.30	0.29	0.28	0.28
800	0.38	0.37	0.36	0.35	0.34	0.33	0.32	0.31	0.30	0.30
1000	0.40	0.38	0.37	0.36	0.35	0.34	0.33	0.32	0.31	0.31
1250	0.41	0.40	0.39	0.37	0.36	0.35	0.34	0.34	0.33	0.32
1500	0.42	0.41	0.40	0.38	0.37	0.36	0.35	0.35	0.34	0.33
2000	0.44	0.43	0.41	0.40	0.40	0.38	0.37	0.37	0.36	0.35

续表

1. LJ 型铝绞线的主要技术数据

导线温度	环境温度 /℃	允许持续载流量 /A									
70℃（室外架设）	20	110	142	179	226	278	341	394	462	525	641
	25	105	135	170	215	265	325	375	440	500	610
	30	98.7	127	160	202	249	306	353	414	470	573
	35	93.5	120	151	191	236	289	334	392	445	543
	40	86.1	111	139	176	217	267	308	361	410	500
备注	①线间几何均距 $a_{av}=sa_1a_2a_3$，式中，a_1、a_2、a_3 为三相导线的各相之间的线间距离。三相导线正三角形排列时，$a_{av}=a$；三相导线等距水平排列时，$a_{av}=1.26a$。 ②铜绞线 TJ 的电阻约为同截面 LJ 电阻的 61%；TJ 的电抗与 LJ 同。TJ 的载流量约为同截面 LJ 载流量的 1.29 倍。										

2. LGJ 型钢芯铝绞线的主要技术数据

额定截面 /mm²		35	50	70	95	120	150	185	240
铝线实际截面 /mm²		34.9	48.3	68.1	94.4	116	149	181	239
铝股数 / 钢股数 / 外径（单位为 mm）		6/1/8.16	6/1/9.60	6/1/11.4	26/7 13.6	26/7 15.1	26/7 17.1	26/7 18.9	26/7 21.7
50℃ 时电阻 /（$\Omega \cdot km^{-1}$）		0.89	0.68	0.48	0.35	0.29	0.24	0.18	0.15
线间几何均距 /mm		线路电抗 /（$\Omega \cdot km^{-1}$）							
1500		0.39	0.38	0.37	0.35	0.35	0.34	0.33	0.33
2000		0.40	0.39	0.38	0.37	0.37	0.36	0.35	0.34
2500		0.41	0.41	0.40	0.39	0.38	0.37	0.37	0.36
3000		0.43	0.42	0.41	0.40	0.39	0.39	0.38	0.37
3500		0.44	0.43	0.42	0.41	0.40	0.40	0.39	0.38
4000		0.45	0.44	0.43	0.42	0.41	0.40	0.40	0.39
额定截面 /mm²		35	50	70	95	120	150	185	240
导线温度	环境温度 /℃	允许持续载流量 /A							
70℃（室外架设）	20	179	231	289	352	399	467	541	641
	25	170	220	275	335	380	445	515	610
	30	159	207	259	315	357	418	484	574
	35	149	193	228	295	335	391	453	536
	40	137	178	222	272	307	360	416	494

续表

3. LMY 型涂漆矩形硬铝母线的主要技术数据							
母线截面 宽/mm × 厚/mm	65℃时电阻（Ω·km^{-1}）	相间距离为250mm时电抗（Ω·km^{-1}）		母线竖放时的允许持续载流量/A（导线温度70℃）			
				环境温度			
		竖放	平放	25℃	30℃	35℃	40℃
25×3	0.47	0.24	0.22	265	249	233	215
30×4	0.29	0.23	0.21	364	343	321	296
40×4	0.22	0.21	0.19	480	451	422	389
40×5	0.18	0.21	0.19	540	507	475	438
50×5	0.14	0.20	0.17	665	625	585	539
50×6	0.12	0.20	0.17	740	695	651	600
60×6	0.10	0.19	0.16	870	818	765	705
80×6	0.076	0.17	0.15	1150	1080	1010	932
100×6	0.062	0.16	0.13	1425	1340	1255	1155
60×8	0.076	0.19	0.16	1025	965	902	831
80×8	0.059	0.17	0.15	1320	1240	1160	1070
100×8	0.048	0.16	0.13	1625	1530	1430	1315
120×8	0.041	0.16	0.12	1900	1785	1670	1540
60×10	0.062	0.18	0.16	1155	1085	1016	936
80×10	0.048	0.17	0.14	1480	1390	1300	1200
100×10	0.040	0.16	0.13	1820	1710	1600	1475
120×10	0.035	0.16	0.12	2070	1945	1820	1680
备注	本表母线载流量系母线竖放时的数据。如母线平放，且宽度大于60mm时，表中数据应乘以0.92；如母线平放，且宽度不大于60mm时，表中数据应乘以0.95						

附录15：绝缘导线明敷、穿钢管和穿塑料管时的允许载流

1. BLX 和 BLV 型铭芯绝缘线明敷时的允许载流量（导线正常最高允许温度为 65℃）　单位：A

芯线截面 /mm²	BLX 型铝芯橡皮线				BLV 型铝芯塑料线			
	环境温度							
	25℃	30℃	35℃	40℃	25℃	30℃	35℃	40℃
2.5	27	25	23	21	25	23	21	19
4	35	32	30	27	32	29	27	25
6	45	42	38	35	42	39	36	33
10	65	60	56	51	59	55	51	46
16	85	79	73	67	80	74	69	63
25	110	102	95	87	105	98	90	83
35	138	129	119	109	130	121	112	102
50	175	163	151	138	165	154	142	130
70	220	206	190	174	205	191	177	162
95	265	247	229	209	250	233	216	197
120	310	280	268	245	283	266	246	225
150	360	336	311	284	325	303	281	257
185	420	392	363	332	380	355	328	300
240	510	476	441	403	—	—	—	—

续表

导线型号	芯线截面/mm^2	2根单芯线 环境温度				2根穿管管径/mm		3根单芯线 环境温度				3根穿管管径/mm		4～5根单芯线 环境温度				4根穿管管径/mm		5根穿管管径/mm	
		25℃	30℃	35℃	40℃	G	DG	25℃	30℃	35℃	40℃	G	DG	25℃	30℃	35℃	40℃	G	DG	G	DG
BLX	2.5	21	19	18	16	15	20	19	17	16	15	15	20	16	14	13	12	20	25	20	25
	4	28	26	24	22	20	25	25	23	21	19	20	25	23	21	19	18	20	25	20	25
	6	37	34	32	29	20	25	34	31	29	26	20	25	30	28	25	23	20	25	25	32
	10	52	48	44	41	25	32	46	43	39	36	25	32	40	37	34	31	25	32	32	40
	16	66	61	57	52	25	32	59	55	51	46	32	32	52	48	44	41	32	40	40	（50）
	25	86	80	74	68	32	40	76	71	65	60	32	40	68	63	58	53	40	（50）	40	—
	35	106	99	91	83	32	40	94	87	81	74	32	（50）	83	77	71	65	40	（50）	50	—
	50	133	124	115	105	40	（50）	118	110	102	93	50	（50）	105	98	90	83	50	—	70	—
	70	164	154	142	130	50	（50）	150	140	129	118	50	（50）	133	124	115	105	70	—	70	—
	95	200	187	173	158	70	—	180	168	155	142	70	—	160	149	138	126	70	—	80	—
	120	230	215	198	181	70	—	210	196	181	166	70	—	190	177	164	150	70	—	80	—
	150	260	243	224	205	70	—	240	224	207	189	70	—	220	205	190	174	80	—	100	—
	185	295	275	255	233	80	—	270	252	233	213	80	—	250	233	216	197	80	—	100	—

2. BLX 和 BLV 型铝芯绝缘线穿钢管时的允许载流量（导线正常最高允许温度为 65℃）

单位：A

导线型号	芯线截面/mm²	2 根单芯线 环境温度				2 根穿管管径 /mm		3 根单芯线 环境温度				3 根穿管管径 /mm		4 ～ 5 根单芯线 环境温度				4 根穿管管径 /mm		5 根穿管管径 /mm	
		25℃	30℃	35℃	40℃	G	DG	25℃	30℃	35℃	40℃	G	DG	25℃	30℃	35℃	40℃	G	DG	G	DG
BLV	2.5	20	18	17	15	15	15	18	16	15	14	15	15	15	14	12	11	15	15	15	20
	4	27	25	23	21	15	15	24	22	20	18	15	15	22	20	19	17	15	20	20	20
	6	35	32	30	27	15	20	32	29	27	25	15	20	28	26	24	22	20	25	25	25
	10	49	45	42	38	20	25	44	41	38	34	20	25	38	35	32	30	25	25	25	32
	16	63	58	54	49	25	25	56	52	48	44	25	32	50	46	43	39	25	32	32	40
	25	80	74	69	63	25	32	70	65	60	55	32	32	65	60	56	51	32	40	32	（50）
	35	100	93	86	79	32	40	90	84	77	71	32	40	80	74	69	63	40	（50）	40	—
	50	125	116	108	98	40	50	110	102	95	87	40	（50）	100	93	86	79	50	（50）	50	—
	70	155	144	134	122	50	50	143	133	123	113	40	（50）	127	118	109	100	50	—	70	—
	95	190	177	164	150	50	（50）	170	158	147	134	50	—	152	142	131	120	70	—	70	—
	120	220	205	190	174	50	（50）	195	182	168	154	50	—	172	160	148	136	70	—	80	—
	150	250	233	216	197	70	（50）	225	210	194	177	70	—	200	187	173	158	70	—	80	—
	185	285	266	246	225	70	—	255	238	220	201	70	—	230	215	198	181	80	—	100	—

3. BLX 和 BLV 型铝芯绝缘线穿硬塑料管时的允许载流量（导线正常最高允许温度为 65℃） 单位：A

导线型号	芯线截面 /mm^2	2 根单芯线 环境温度				2 根穿管管径 /mm		3 根单芯线 环境温度				3 根穿管管径 /mm		4～5 根单芯线 环境温度				4 根穿管管径 /mm		5 根穿管管径 /mm	
		25℃	30℃	35℃	40℃	G	DG	25℃	30℃	35℃	40℃	G	DG	25℃	30℃	35℃	40℃	G	DG	G	DG
BLX	2.5	19	17	16	15	15	17	15	14	13	15	15	14	12	11	20	25	20	25	20	25
	4	25	23	21	19	20	23	21	19	18	20	20	18	17	15	20	25	20	25	20	25
	6	33	30	28	26	20	29	27	25	22	20	26	24	22	20	25	32	20	25	25	32
	10	44	41	38	34	25	40	37	34	31	25	35	32	30	27	32	32	25	32	32	40
	16	58	54	50	45	32	52	48	44	41	32	46	43	39	36	32	40	32	40	40	（50）
	25	77	71	66	60	32	68	63	58	53	32	60	56	51	47	40	40	40	（50）	40	—
	35	95	88	82	75	40	84	78	72	66	40	74	69	64	58	40	50	40	（50）	50	—
	50	120	112	103	94	40	108	100	93	86	50	95	88	82	75	50	50	50	—	70	—
	70	153	143	132	121	50	135	126	116	106	50	120	112	103	94	50	65	70	—	70	—
	95	184	172	159	145	50	165	154	142	130	65	150	140	129	118	65	80	70	—	80	—
	120	210	196	181	166	65	190	177	164	150	65	170	158	147	134	80	80	70	—	80	—
	150	250	233	215	197	65	227	212	196	179	75	205	191	177	162	80	90	80	—	100	—
	185	282	263	243	223	80	255	238	220	201	80	232	216	200	183	100	100	80	—	100	—

4. BLX 和 BLV 型铝芯绝缘线穿硬塑料管时的允许载流量（导线正常最高允许温度为 65°C）

单位：A

导线型号	芯线截面 /mm²	2 根单芯线 环境温度				2 根穿管管径 /mm		3 根单芯线 环境温度				3 根穿管管径 /mm		4～5 根单芯线 环境温度				4 根穿管管径 /mm		5 根穿管管径 /mm	
		25°C	30°C	35°C	40°C	G	DG	25°C	30°C	35°C	40°C	G	DG	25°C	30°C	35°C	40°C	G	DG	G	DG
BLV	2.5	18	16	15	14			14	13	12	15	14	13	12	11	20	25	15	15	15	20
	4	24	22	20	18			20	19	17	20	19	17	16	15	20	25	15	20	20	20
	6	31	28	26	24			25	23	21	20	25	23	21	19	25	32	20	25	25	25
	10	42	39	36	33			35	32	50	25	33	30	28	26	32	32	25	25	25	32
	16	55	51	47	43			45	42	38	32	44	41	38	34	32	40	25	32	32	40
	25	73	68	63	57			60	56	51	40	57	53	49	45	40	50	32	40	32	(50)
	35	90	84	77	71			74	69	63	40	70	65	60	55	50	65	40	(50)	40	—
	50	114	106	98	90			95	88	80	50	90	84	77	71	65	65	50	(50)	50	—
	70	145	135	125	114			121	112	102	50	115	107	99	90	65	75	50	—	70	—
	95	175	163	151	138			147	136	124	65	140	130	121	110	75	75	70	—	70	—
	120	206	187	173	158			168	155	142	65	160	149	138	126	75	80	70	—	80	—
	150	230	215	198	181			193	179	163	75	185	172	160	146	80	90	70	—	80	—
	185	265	247	229	209			219	203	185	75	212	198	183	167	90	100	80	—	100	—

注：①BX 和 BV 型铜芯绝缘导线的允许截流量约为同截面的 BLX 和 BLV 型铝芯绝缘导线允许截流量的 1.29 倍。

②表中 2 的钢管 G 为焊接钢管，管径按内径计；DG 为电线管，管径按外径计。

③表中 2 和表中 3 的 4～5 根单芯线穿管的载流量，是指三相四线制的 TN-C 系统、TN-S 系统和 TN-C-S 系统中的相线载流量。其中性线（N）或保护中性线（PEN）中可有不平衡电流通过。如果线路是供电给平衡的三相负荷。第四根导线为单纯的保护线（PE），则虽有四根导线穿管，但其载流量仍应按三根线穿管的载流量考虑，而管径则应按四根线穿管选择。

附录16：10kV常用电缆的允许载流量/A

绝缘类型		黏性油浸纸		不滴流纸		交联聚乙烯			
钢铠护套						无		有	
缆芯最高工作温度		60℃		65℃		90℃			
敷设方式		空气中	直埋	空气中	直埋	空气中	直埋	空气中	直埋
缆芯截面/mm^2	16	42	55	47	59	—	—	—	—
	25	56	75	63	79	100	90	100	90
	35	68	90	77	95	123	110	123	105
	50	81	107	92	111	146	125	141	120
	70	106	133	118	138	178	152	173	152
	95	126	160	143	169	219	182	214	182
	120	146	182	168	196	251	205	246	205
	150	171	206	189	220	283	223	278	219
	185	195	233	218	246	324	252	320	247
	240	232	272	261	290	378	292	373	292
	300	260	308	295	325	433	332	428	328
	400	—	—	—	—	506	378	501	374
	500	—	—	—	—	579	428	574	424
环境温度		40℃	25℃	40℃	25℃	40℃	25℃	40℃	25℃
土壤热阻系数/（℃·m·W^{-1}）		—	1.2	—	1.2	—	2.0	—	2.0

注：①本表系铝芯电缆数值。铜芯电缆的允许截流量可乘以1.29。

②当地环境温度不同时的载流量校正系数如附表18所示。

③本表据GB50217—1994《电力工程电缆设计规范》编制。

附录17：10kV常用三芯电缆的温度校正系数

电缆敷设地点		空气中				土壤中			
环境温度		30℃	35℃	40℃	45℃	20℃	25℃	30℃	35℃
缆芯最高工作温度	60℃	1.22	1.11	1.0	0.86	1.07	1.0	0.93	0.85
	65℃	1.18	1.09	1.0	0.89	1.06	1.0	0.94	0.87
	70℃	1.15	1.08	1.0	0.91	1.05	1.0	0.94	0.88
	80℃	1.11	1.06	1.0	0.93	1.04	1.0	0.95	0.90
	90℃	1.09	1.05	1.0	0.94	1.04	1.0	0.96	0.92

附录18：RM10型低压熔断器主要技术数据

型号	熔管额定电压 /V	额定电流 /A		最大分断能力	
		熔管	熔体	电流 /kA	cosφ
RM10-15	交流 220，380，500 直流 220，440	15	6，10，15	1.2	0.8
RM10-60		60	15，20，25，35，45，60	3.5	0.7
RM10-100		100	60，80，100	10	0.35
RM10-200		200	100，125，160，200	10	0.35
RM10-350		350	200，225，260，300，350	10	0.35
RM10-600		600	350，430，500，600	10	0.35

附录19：RT0型低压熔断器主要技术数据

型号	熔管额定电压 /V	额定电流 /A		最大分断电流 /kA
		熔管	熔体	
RM10-100	交流 380 直流 440	100	30，40，50，60，80，100	50 （cosφ=0.1 ～ 0.2）
RM10-200		200	（80，100），120，150，200	
RM10-400		400	（150，200），250，300，350，400	
RM10-600		600	（350，400），450，500，550，600	
RM10-1000		1000	100，800，900，1000	

附录20：LQJ-10电流互感器的主要技术数据

1. 额定二次负荷						
铁芯代号	额定二次负荷					
	0.5 级		1 级		3 级	
	Ω	V·A	Ω	V·A	Ω	V·A
0.5	0.4	10	0.6	15	—	—
3	—	—	—	—	1.2	30

2. 热稳定性和动稳定性		
额定一次电流 /A	1s 热稳定倍数	动稳定倍数
5，10，15，20，30，40，50，60，75，100	90	225
160（150），200，315（300），400	75	160

注：括号内数据，仅限老产品。

附录21：GL型电流继电器主要技术数据

型号	额定电流 /A	整定值		瞬动电流倍数	返回系数
		动作电流 /A	10 倍动作电流的动作时间 /s		
GL-11/10，-21/10	10	4，5，6，7，8，9，10	0.5 ～ 4	2 ～ 8	0.85
GL-11/5，-21/5	5	2，2.5，3，3.5，4，4.5，5			
GL-15/10，-25/10	10	4，5，6，7，8，9，10			0.8
GL-15/5，-25/5	5	2，2.5，3，3.5，4，4.5，5			
备注	瞬动电流倍数 = 电磁元件动作电流 / 感应元件动作电流				

附录22：工业企业室内一般照明灯具的最低悬挂高度

光源种类	灯具型式	灯具遮光角 /°	光源功率 /W	最低悬挂高度 /m
白炽灯	有反射罩	10 ～ 30	≤ 100	2.5
			150 ～ 200	3.0
			300 ～ 500	3.5
	乳白玻璃漫射源	—	≤ 100	2.0
			150 ～ 200	2.5
			300 ～ 500	3.0
荧光灯	无反射罩	—	≤ 40	2.0
			＞ 40	3.0
	有反射罩	—	≤ 40	2.0
			＞ 40	2.0
荧光高压汞灯	有反射罩	10 ～ 30	＜ 125	3.5
			125 ～ 250	5.0
			≥ 400	6.0
	有反射罩带格栅	＞ 30	＜ 125	3.0
			125 ～ 250	4.0
			≥ 400	5.0
金属卤化物灯、高压钠灯、混光光源	有反射罩	10 ～ 30	＜ 150	4.5
			150 ～ 250	5.5
			250 ～ 400	6.5
			＞ 400	7.5
	有反射罩带格栅	＞ 30	＜ 150	4.0
			150 ～ 250	4.5
			250 ～ 400	5.5
			＞ 400	6.5

附录23：配照灯的比功率参考值

灯在工作面上高度 /m	被照面积 /m^2	白炽灯平均照度 /lx						
		5	10	15	20	30	50	70
3～4	10～15	4.3	7.5	9.6	12.7	17	26	36
	15～20	3.7	6.4	8.5	11.0	14	22	31
	20～30	3.1	5.5	7.2	9.3	13	19	27
	30～50	2.5	4.5	6	7.5	10.5	15	22
	51～120	2.1	3.8	5.1	6.3	8.5	13	18
	120～300	1.8	3.3	4.4	5.5	7.5	12	16
	300 以上	1.7	2.9	4.0	5.0	7.0	11	15
4～6	10～17	5.2	8.9	11	15	21	33	48
	17～25	4.1	7.0	9.0	12	16	27	37
	25～35	3.4	5.8	7.7	10	14	22	32
	35～50	3.0	5.0	6.8	8.5	12	19	27
	50～80	2.4	4.1	5.6	7.0	10	15	22
	80～150	2.0	3.3	4.6	5.8	8.5	12	17
	150～400	1.7	2.8	3.9	5.0	7.0	11	15
	400 以上	1.5	2.5	3.5	4.0	6.0	10	14

附录24：部分电力装置要求的工作接地电阻值

序号	电力装置名称	接地的电力装置特点	接地电阻值
1	1kV 以上大电流接地系统	仅用于该系统的接地装置	$R_E \leqslant \frac{2000V}{I_k^{(1)}}$ 当 $I_k^{(1)} > 4000A$ 时 $R_E \leqslant 0.5\Omega$
2	1kV 以上小电流接地系统	仅用于该系统的接地装置	$R_E \leqslant \frac{250V}{I_E}$ 且 $R_E \leqslant 10\Omega$
3		与 1kV 以下系统共用的接地装置	$R_E \leqslant \frac{120V}{I_E}$ 且 $R_E \leqslant 10\Omega$

续表

序号	电力装置名称	接地的电力装置特点		接地电阻值
4	1kV 以下系统	与总容量在 100kV·A 以上的发电机或变压器相连的接地装置		$R_E \leqslant 4\Omega$
5		上述（序号 4）装置的重复接地		$R_E \leqslant 10\Omega$
6		与总容量在 100kV·A 及以下的发电机或变压器相连的接地装置		$R_E \leqslant 10\Omega$
7		上述（序号 6）装置的重复接地		$R_E \leqslant 30\Omega$
8	避雷装置	独立避雷针和避雷线		$R_E \leqslant 10\Omega$
9		变配电所装设的避雷器	与序号 4 装置共用	$R_E \leqslant 4\Omega$
10			与序号 6 装置共用	$R_E \leqslant 10\Omega$
11		线路上装设的避雷器或保护间隙	与电机无电气联系	$R_E \leqslant 10\Omega$
12			与电机有电气联系	$R_E \leqslant 5\Omega$
13	防雷建筑物	第一类防雷建筑物		$R_E \leqslant 10\Omega$
14		第二类防雷建筑物		$R_E \leqslant 10\Omega$
15		第三类防雷建筑物		$R_E \leqslant 30\Omega$

注：R_E 为工频接地电阻；R_{sh} 为冲击接地电阻；$I_k^{(1)}$为流经接地装置的单相短路电流；I_E 为单相接地电容电流。

附录25：土壤电阻率参考值

土壤名称	电阻率 /（Ω·m）	土壤名称	电阻率 /（Ω·m）
陶黏土	10	砂质黏土、可耕地	100
泥炭、泥灰岩、沼泽地	20	黄土	200
捣碎的木炭	40	含砂黏土、砂土	300
黑土、田园土、陶土	50	多石土壤	400
黏土	60	砂、砂砾	1000

附录26：垂直管形接地体的利用系数

1. 敷设成一排时（未计入连接扁钢的影响）					
管间距离与管子长度之比 a/l	管子根数 n	利用系数 η_E	管间距离与管子长度之比 a/l	管子根数 n	利用系数 η_E
1	2	0.84 ～ 0.87	1	5	0.67 ～ 0.72
2		0.90 ～ 0.92	2		0.79 ～ 0.83
3		0.93 ～ 0.95	3		0.85 ～ 0.88

续表

1. 敷设成一排时（未计入连接扁钢的影响）					
管间距离与管子长度之比 a/l	管子根数 n	利用系数 η_E	管间距离与管子长度之比 a/l	管子根数 n	利用系数 η_E
1 2 3	3	0.76 ～ 0.80 0.85 ～ 0.88 0.90 ～ 0.92	1 2 3	10	0.56 ～ 0.62 0.72 ～ 0.77 0.79 ～ 0.83
2. 敷设成环形时（未计入连接扁钢的影响）					
管间距离与管子长度之比 a/l	管子根数 n	利用系数 η_E	管间距离与管子长度之比 a/l	管子根数 n	利用系数 η_E
1 2 3	4	0.66 ～ 0.72 0.76 ～ 0.80 0.84 ～ 0.86	1 2 3	20	0.44 ～ 0.50 0.61 ～ 0.66 0.68 ～ 0.73
1 2 3	6	0.58 ～ 0.65 0.71 ～ 0.75 0.78 ～ 0.82	1 2 3	30	0.41 ～ 0.47 0.58 ～ 0.63 0.66 ～ 0.71
1 2 3	10	0.52 ～ 0.58 0.66 ～ 0.71 0.74 ～ 0.78	1 2 3	40	0.38 ～ 0.44 0.56 ～ 0.61 0.64 ～ 0.69

参考文献

[1] 赵德申 . 供配电技术应用 [M]. 北京 : 高等教育出版社，2004.

[2] 戴绍基 . 工厂供配电技术 [M]. 北京 : 机械工业出版社，2015.

[3] 刘峰 . 低压供配电实用技术 [M]. 北京 : 中国电力出版社，2011.

[4] 唐志忠 . 工厂变配电技术 [M]. 北京 : 中国劳动社会保障出版社，2015.